改变的力量

六力理论助你成功

洪明基 著

中国青年出版社

图书在版编目（CIP）数据

改变的力量：六力理论助你成功 / 洪明基著 . --
北京：中国青年出版社，2020.1
ISBN 978-7-5153-5602-0

Ⅰ . ①改… Ⅱ . ①洪… Ⅲ . ①成功心理 - 通俗读物
Ⅳ . ① B848.4-49

中国版本图书馆 CIP 数据核字 (2019) 第 253652 号

责任编辑：刘霜
出版发行：中国青年出版社
社　　址：北京市东城区东四十二条 21 号
网　　址：www.cyp.com.cn
编辑中心：010—57350508
营销中心：010—57350370

经　　销：新华书店
印　　刷：北京科信印刷有限公司
规　　格：710×1000　1/16
印　　张：20.5
字　　数：400 千字
版　　次：2020 年 1 月北京第 1 版
印　　次：2022 年 5 月北京第 2 次印刷
定　　价：58.00 元

如有印装质量问题，
请凭购书发票与质检部联系调换
联系电话：010—57350337

目录

第二部分 阳光力 / 态度

遇见充满阳光的自己

第三部分 学习力 / 能力

学习是一场快乐的修行

第四部分

执战力 / 速度

资源有限下的执行能力

第五部分

格局力 / 高度

敢做势头上的冲浪者

第六部分

幸福力 / 厚度

找到人生的意义和快乐

这就是我们认识的他
——洪明基先生

我与洪明基老师相识五年。最初与他相识是在 2014 年，那年 6 月，我们主办的创业营有一站在北京师范大学，我们邀请了洪老师，他进行了精彩的分享，而后的每一年，洪老师都会支持立德的事业发展，直到 2019 年演讲，我再邀请他时，他说讲“六力理论”。

这是我第一次听他分享这个主题，他透露说这是自己创业 27 年的精华总结，一般不外传，立德六周年了，就把它作为礼物送给大家。我的思绪突然回到了 2015 年，那时我刚开始做极北咖啡线下门店，一下子就铺了好几家店。开业典礼前，洪老师来店里小坐，我向他描绘了自己对线下市场的设想与宏伟蓝图，他听完就告诫我开门店的不易，建议我停止线下扩张。我当时也没听懂他的意思，一意孤行继续扩张线下业务，到后来果不其然，应验他的话，我又亲手把开的店铺一一关掉，连续折腾了两年……还有很多事也慢慢被他的预言验证。我现在想想他当初对我讲的很多话，居然都可以被这套“六力理论”验证。

2015 年至今，洪明基老师指导我们的创业之路，助力成长。能够让企业规模飞速发展、创业之路越走越宽，得益于老师的教导，更感激“六力理论”的帮助。这是一条改变之路，也是一条深刻的自我变革之路。如果您也无法确定人生方向，无法自我改变，依旧重犯错误，重走老路，这本书非常适合您！诚意推荐！谢谢洪明基老师。

——张萌 畅销书作家，青创智慧董事长

作为一位创业者，四十岁选择北漂，四年多的创业历程让我悟到创业最重要的不是方法，而是心法，不是技巧，而是思维与格局的提升。有幸听过洪明基老师的“六力理论”，正是每一个创业者苦苦寻找的心智成长与思维升级的科学模型。我也曾在遭遇困难时有过退缩，但是内心的原力逼问我为什么要来北京创业，初心是什么。当听到洪总“六力理论”里的原力模型和原力修炼清单，顿时有遇到知音的感觉。创业者能够更早接触到“六力理论”，运用“六力理论”，就能更早更快地打通任督二脉。创业是一场修行，这本书是修行路上最好的伙伴！

——余奕宏 未来食餐饮战略规划创始人

我和洪明基先生的相识，可追溯至 2013 年。

当年，我正发起筹办一个就读北京各高校香港学生的交流互助平台——“京港联”。当时的他经常为青年学生分享自己的宝贵经验和心路历程，以期这些青年学生少走一些人生弯路，未来能够共同为社会多做贡献。

初识洪明基先生，他就给我留下了很深的印象：

他勤奋坚忍，用原力、靠智慧开启财富大门；

他胸怀大格局，将苦难当作对人生的挑战与磨炼；

他善心做人，以利他大于利己的关怀，共济天下；

他质朴儒雅，虚心谦恭，服务于大众，又待人以诚。

2019 年 12 月，喜闻洪明基先生把自己的成长经历和人生经验写书传世，这套“六力理论”是他多年创业实践的沉淀，他想分享给更多人，服务于更多人。

在阅读此书手稿期间，我发觉，我从来没有像洪明基先生这样细致地思考一件事，把繁复紊乱的心态现象，以逻辑系统的方式归纳和梳理出来。深以为，这套理论对于我们认识理解自己的行为心态，会有很大的作用。

不同人的成功路径是不尽相同的，但可以肯定的是，成功并非偶然或侥幸。成功的路有很多条，但成功者大多善于学习和借鉴。

这是一本值得每个想有更好发展的年轻人阅读与参悟的书；也希望大家能将其中的精华吸纳成为自己的知识，让它成为实现自己梦想的智慧资本。

——陈贵和（中国香港）清华大学社会科学学院国际关系学系博士研究生

有幸在我人生最迷茫的时刻，受到洪老师的启发，发现了我此生的原力，从而彻底得改变了我的人生轨迹！这正是从生命的价值出发，寻求到的使命赋予的能量。

本书中，“六力理论”将会提升你思考的维度！这是一把可以开启创业智慧的金钥匙，当你能够在创业的路上自如地掌握和使用“六力理论”的时候，你一定可以看到自己的生命有了不一样的改变！

——吴贞 时鲜大酒店有限公司董事长

与洪老师相识两年多，他教会了我们什么是学习，什么是成长。在我踽踽前行的时候，他像灯塔一般照亮我布满迷雾的道路，让我没有迷路也没有走错路。他不仅赋予了我知识，还为我指引了前进的路，他把我视为学子，更视为孩子，遇见他是我前半生最大的收获。洪老师的谦逊、正能量把我从混沌的生活中敲醒，两年的教导让我对世界有了新的感知，“六力理论”更让我以独特的视角重新理解人生、创业、生活。愿我们一起拥抱着改变世界的原力在不同的角落里发光发热！

——鲁露 爱的博物馆馆长

2017 年，因一种特殊的缘分与洪明基老师成为师徒。

老师经营了吉野家、DQ、芳叔等很多耳熟能详的餐饮品牌，而我是一名国际潜能教练，看起来好像没有太多可以联结的地方。第一次参加“洪门”会议，我以为老师会给我们分享如何经营餐饮事业，但当看到整个会议流程时，我震惊了，原来老师也是一位卓越的教练，他并没有和我们谈餐饮，而是不断用教练的方式为我们赋能。美国通用电气公司前 CEO 杰克·韦尔奇先生说“伟大的 CEO 就是伟大的教练”，用这句话来形容老师一点儿也不为过。

老师一总结出“六力理论”就分享给了我们，为我们讲解，并指导我们结合自己的事业进行运用，让我们重新对自己的未来充满了无限的憧憬和信心。今天我也把“六力理论”推荐给大家，希望能对大家的事业和家庭都能产生极大的积极影响，不断拥有新收获。

——刑文斌 潜能教练，艾锑无限 CEO

这是一本值得细细品味的书，这是一本故事书。通过讲述作者洪明基老师经历过的各种事情，再把这些事情串联起来，进行总结，于是乎便有了这本书——《改变的力量：六力理论助你成功》。

我与洪老师是在一场由他赞助的活动上结识的，如今已是第四个年头了。在我的印象中，他是一个热心的、善良的、能干的、幽默又认真的大哥哥。

拿到这本书的电子版时，我的心情十分激动，因为我更早地读到了洪老师的“处女作”。阅读有感：

这本书是洪老师走向成功的“心法”，以“六力理论”为核心展开讨论，再以过往经历作为辅助加深读者理解。读完这本书，我收获满满。印象最深刻的是原力和阳光力，原力是六力之根，更是我们实现人生价值和无私利他精神的源泉；阳光力是正向积极的体现，更是担当与信任的传递。原力与阳光力相辅相成，缺一不可。有了原力，这社会就充满了爱；有了阳光力，我们便有了传递爱的能力。这本书是年轻一代的精神食粮。学习或工作遇到困难了，我们总想着退缩，甚至放弃，但得知洪老师在美国留学所克服的种种困难时，才发现我们很多青年人遇到的困难是微不足道的。当看到洪老师刚赴美留学时受欺凌的章节时，我想如果我遇到同样的问题，可能会以消极的态度去面对，但洪老师的奋力斗争使不利条件都得以转化，这使我增强了无畏感，给了我以后去解决困难的信心。

——冯威（中国香港）就读于对外经济贸易大学

很荣幸能在师父的新书里做分享。因为偶然的缘分，与洪明基老师相识并加入“洪门”这个团体，在与洪老师相处的过程中一直感觉自己十分幸运。创业的路不好走，但是有这样一位既有理论高度又有实践经验，同时愿意帮助我们这些青年创业者的导师相伴，这条路走得更有信心了。受洪老师影响，我也秉承着他成人达己的精神，开始做帮扶实体门店，并以此作为我一生的事业。

洪老师提出的“六力理论”，我认为超越了繁杂的“术”的层面，进入了创业核心的“道”的层面。在这个充满焦虑的时代、瞬息万变的时代，很多时候创业者们拼命学习和叠加“术”，却缺少了“道”。好像一个人学武功，没有先练内功心法，却直接学降龙十八掌，定是发挥不出功力的。洪老师的“六力理论”，正是适合青年创业者的内功心法。

原力、阳光力、学习力、格局力、执战力、幸福力，浓缩了老师几十年经商的智慧，蕴含着巨大的力量。感谢老师有大爱将这六力拿出来分享。世界的未来是中国的，中国的未来是年轻人的。希望“六力理论”可以影响更多青年创业者，让各位创业路上少走点弯路！

——许哲亮 众创集团董事局主席

自序一

我为什么要写这本书？

今年，我终于下决心要把“六力理论”以书的形式写出来。

其实，“六力理论”是已在我们公司内部多年沉淀，通过实践总结出来的一套理论。它如今已成为我们公司的企业文化，并在公司伙伴的能力评估、面试、培训和公司战略融合上进行了的应用。

目前这升华后的“六力”在我们公司开始了传播，它也在公司最优秀的伙伴身上得到了很好的体现，我们最棒的伙伴们身上都不同程度地拥有着这“六力”。

我为什么要写这本书？

后来，我发现这套理论在沟通、传播过程当中，使很多伙伴受益。近几年，我把这套理论体系跟很多企业家朋友分享，他们也非常认同，认为这就是创业者的一部“九阳神功”。

多年来我一直关注青年人的发展，尤其是青创客的成长与发展，在不同的场合跟这些新生力量都有过一些深入的沟通，他们反馈也都是非常受益。

得到大家的鼓励和认可，我逐步萌生了要把整套体系总结好，建立一套有序的理论体系，系统地支持年轻创业者的想法。因为之前的沟通都是碎片化的，甚至是随意的，有时候只能解决一时的一些问题，我也没有时间详细地讲解清楚这背后的含义。

经过详细的思考，我决定尝试把这套理论采用立体的方式推出来，把这本书作为理论基础，最终实现线上有课程、线下有分享，让更多的青年朋友、让有意愿学习的创客能够有所收益，少走弯路。

其实在写这本书的时候，也遇到非常多的困难。我平常看书看得很多，也很喜欢看书，但是这些年却并没有养成长期写作的习惯。我一次性地写作 5 万字的文章，还得追溯到我在读中学的时候。所以现在重新要把这些内容落实到纸面上，确实是有一定难度的。

我的中文本身就不是特别好，我平时更善于用英文表达。因此在商业领域当中，用中文很接地气地把这个理论系统地写出来，的确是一个非常大的挑战。再加上，最近这几年我把大量的精力都投入到了创新、创造这两项工作当中，建立了很多的直接投资公司和创投公司等，所以需要我静下心来梳理一些东西，找一段比较长的时间专心写作，也是非常不容易的。

从最初的酝酿到最后的完成，我能坚持下来，在这里要感谢很多人。这包括我企业界多年的好朋友、我的学生以及那些青年创客，还有我们公司里和我并肩作战的人。他们的鼓励和渴望，促使我一定要克服一切困难来完成这件事。

这本书写给谁?

如果你是一位正在创业（包括微创业）的青年，目前还没有成功，但非常渴望成功，希望可以通过创业来实现自己的梦想，那么你可以来详细地读一读。

如果你是一位想寻求更大发展的职场人士，我相信它对你今后工作更顺利地开展、业务做得更好也会有所帮助。

这本书的定位在哪里？

这是一本从 0 到 1 的书，不是从 1 到 N 的书。因为就目前而言，市面上有非常多的书是在谈从 1 到 N 的发展，但对于创业者而言，从 0 到 1 才是最困难的事。这个过程是创业者最无助、资源最不足、经验最不足、人脉最不足、学习整合能力也最缺乏的时候。

本书谈的更多的是“心法”，而不是拳法，我不讲商业模式、不讲盈利模式、不讲财务管理、不讲绩效管理。类似的书有很多，我认为这些都是“术”的内容，也是商学院要学习的内容。我更希望从“心法”的角度谈自己的看法。所以大家在读这本书的时候，要理解它的立意和定位。

我不是学术研究者，也不做深入的学术研究，所以这本主要讲“六力理论”的书，我希望它不是一个生硬的理论说明，而是一本人人都能读得懂的书，能够更接地气，也算是我给大家一个雪中送炭的助力。在讲课过程中我讲了很多活生生的案例，不仅有我个人成功的案例，还有很多小伙伴总结的案例。我还拿这个理论与 60 多个创业有所成的小伙伴进行了沟通，看这个理论与他们的匹配度。现在我们把部分案例选取在这本书里面，希望这本书变得更加鲜活。

这本书的核心讲的是什么？

对创业者而言，首先要找到自己的“原力”。这个力是支撑创业者在面对未来的困难和挫折时能够走下去的能量源。原力往往来自自己喜欢的，又是擅长的，社会又需要的，有收益的那个交叉点。原力是“六力”之根，原力越大，给其他力的滋养就会越强。

我们为什么要创业？朝什么方向创业？我们要找出其中的意义。有了这些，我们就可以找到快乐，也就找到了幸福点。创业者寻找对自己人生有意义和体验到快乐的事业的能力，就是“幸福力”。幸福力是快乐的源泉。

我讲的“格局力”与大家常规理解的不一样。通常意义上我们说的“格局”，“格”指的是对认知范围内事物认知的程度，“局”则是指认知范围内所做事情及其结果。二者合起来，我们称为“格局”，很多时候指的是一个人的胸怀。而我所讲的“格局力”是指创业者一开始就要看清楚大势，看清天时、地利和人和，并能够把自己“和”进去。这里的“和”是个动词，这个能力就是“格局力”。创业者要选择或在传统领域创新，或在颠覆领域中为世界做贡献，实现自己的使命。格局力往往决定事业的影响力及大小。

创业是个团队作战的过程，也是“打群架”的过程。它往往是在资源有限情况下就要达成目标，这就是“执战力”。“来之能战，战之能胜”是团队执战力的重要体现。

创业的道路是艰难的。在这条路上，你要带着团队一起前行，你还要保持团队旺盛的士气。这就要求创业者有很强的“阳光力”。我讲的“阳光力”，指自己要像小太阳一样，有正能量和能正能量化。积极、正向、担当、信任是正能量的明显特征，而能够把这些传递给别人，就是正能量化。阳光力是执战力的翅膀，更有助于达成预期的结果。

创业者面对的市场环境是不断变化的，新技术、新方法也是层出不穷的，“学习力”就是以不变应万变的唯一手段，是适应环境变化的能力。如何打造持久的学习力，是我们不断修行的课题。它同样也是执战力的翅膀。

接下来，我将逐步展开对“六力”的讲解和分析，希望能对大家有所启发和帮助。

在这里，我要特别感谢所有参与此书创作和出版的伙伴们，是你们让这本书得以顺利完成。

再次深表感谢！

洪明基

2019 年 12 月

我属于您，我的祖国

2019 年 10 月 1 日上午 10 时，国庆 70 周年庆祝活动正式开始。当 70 响礼炮响彻云霄，相信所有在场的人和全国人民都会心生一种别样情怀。作为现场群众游行方阵中的一员，我和我的伙伴们伴随着动听的《我属于中国》的乐曲，昂首阔步走过天安门广场……

回想当时的情形，至今依然历历在目：那天清晨，我们整个方阵 2000 多人和其他方阵的队员都以饱满的热情，在王府井步行街，按照指令排列等待上场。当看到地面装备一辆一辆排列整齐地从我们面前驶过，看到空中梯队从我们头顶依次飞过，我们情不自禁地摇动手中的国旗、区旗呐喊欢呼。那一刻，我由衷地为我们伟大的祖国骄傲。

70 年的发展，让整个国家的原力大爆发，不仅我们的经济实力迅速攀升，军事实力更是令世人瞩目。如今我们有了国家自主研发并名列世界前茅的强大武器装备，东风、无人机等装备无不向世人展示着中国力量。这种力量也正悄然改变着世界的格局，而世界格局的变化也给我们带来了新机遇、新发展。

这次庆典最令我激动的是群众游行，因为自己就是其中的一员。当我们远远地看到彩车由东向西驶来，我们无比激动。我和队友们快速跑到长安街，和守卫的战士商量，希望赶快冲到我们十三方阵的花车旁边。但是小战士告诉我们："需要等待指令！"

看着花车渐行渐近，内心特别焦急。小战士一边通过传呼机向领导请示，一边不忘耐心地安慰我们说："请稍等。"当花车行进到离我们500 米左右时，小战士接到了放行指令！那一刻激动、雀跃的心情溢于言表。我们每个人的眼睛里都洋溢着无比的骄傲与满足！大家二话不说，箭一样地冲向了花车。哈哈，感觉数十年来，这是我记忆中跑得最快的一次！

我们以最快的速度冲到"一国两制"的花车前，抬头看见花车上面的人，我不由自主地用粤语喊道："中国人支持中国人！"花车上的同胞丝毫没有迟疑，微笑着用粤语大声地回应我："中国人支持中国人！"

这一刻，我想民族情感是藏在我们深层意识当中的，在适当的时候都会被激发出来！此时习主席的话就在我们脑海中回荡着："没有任何力量能够撼动我们伟大祖国的地位！没有任何力量能够阻挡中国人民和中华民族的前进步伐！"

我走在队伍中的第一排，我的左边是来自北京邮电大学的澳门同学，右边是来自清华大学的香港同学。当听到十三方阵出发的号令，我们 2000 多名队员不约而同高声喊出："祖国，我爱你！祖国，我爱你！"我们发自内心的呐喊声一浪高过一浪。

“一国两制”方阵是第一次出现在群众游行的队伍中，我们展现的是最真切、最热烈的表白。当听到那熟悉的《我属于中国》乐曲声时，我知道我们马上就要通过天安门接受祖国的检阅了。祖国，我的祖国！我的眼泪不知不觉地滑落下来，我们竭尽所能地欢呼雀跃。那一刻，我们热血涌动；那一刻，我们思绪万千；那一刻，我们尽情欢呼；那一刻，我们无比自豪……

作为方阵的小组长，我很享受和大家在一起的训练、等待和走过天安门广场的全过程。一次受阅，永生难忘。

前后两次参加国庆游行的经历，必将在我的人生中留下难以磨灭的珍贵记忆，激励着我不断地前进。当祖国 80 岁华诞的时候，我将近 60 周岁。到那时，我还要加入国庆游行队伍中，再一次为祖国的繁荣昌盛骄傲地欢呼！

今日有幸能把自己参与国庆的经历写入书中，并以此向世人分享我的“六力理论”，非常开心。无论是个人的梦想实现，还是国家的全面发展，都能在我的“六力理论”中找到影子。

这些年来，我们国家摆脱了最初的一穷二白，依靠原力的大爆发，打造了一套适合本国体系的执战力模型，再辅以学习力和阳光力的双重配合，给中国人民带来了前所未有的幸福。而这一切又与我们的领导人具有高瞻远瞩的格局意识，或者说是很强的格局力，引领着中国特色社会主义向正确的方向发展密不可分。我想，未来一定是属于中国的！

第一部分

原力

核心

与元神共舞，让灵魂雀跃

创业意味着九死一生。

我在内地举目无亲，也没有任何背景，

经历了“枪林弹雨”，从“死人”堆里爬出来，

有股力量一直在支撑着我。

创业意味着什么？九死一生。再成功的创业，都经历过无数次失败的洗礼，无数次想过放弃，无数次站到悬崖边不知所措。很多人只看到创业成功者表面的光鲜，但又有多少人知道其中的“难”。我很庆幸自己能够成为创业成功者中的一员。

我出生在中国香港，于 1992 年在美国大学毕业，后来选择回内地创业。我同所有的创业者一样，经历了创业的九死一生，好在我挺过来了。回首这么多年所走过的路，我也多次认真地思索过：“为什么我能够走到今天？”

现在回想起来，我觉得是因为有一股力量一直在支撑着我。它让我在最想放弃的时候，勇敢地说“不”；它在我最困难的时候，激励我咬着牙坚持下来。是这股力量成就了今天的我，也让我找到自己人生的意义和快乐。这究竟是一股什么样的力量呢？

三封家书的思考
我究竟想要什么

要探寻这股力量的秘密，还要从我当初的三封家书说起——

缘起：一个叛逆青年的三封家书

我于 1970 年出生，14 岁之前一直在中国香港生活。但是在那段时间里我过得并不如意，无论是在身体上，还是在学业上，都不是太好。直到 14 岁那年，我得到了去美国读书的机会，踏上背井离乡的求学之路。

最初去美国是开心的，因为在很多人包括我自己的眼里，美国就是天堂。但是理想是丰满的，现实却是骨感的。初来美国我遇到了很多困难，好在我艰难地适应下来了。尽管远离家乡，但是爸爸、叔叔和爷爷对我的要求仍非常严格。直到大学毕业前，我还是不适应他们的这种严格作风，以至于我对他们始终是抵触的。

中学毕业纪念照

这种情况一直持续到 1991 年暑假前，当时我马上就要大学毕业了。因为平时家人对我要求严格，再加上通过我自身的调整，学习能力的强化，我的学习、生活状况还是不错的。我清楚地记得在当年的考试中，我的法律课和宏观经济课在全年级取得了第一名；在生活上有女朋友的爱护照顾，过得算是很自在的。

俗话说："在家靠父母，在外靠朋友。"我本身就是一个爱交朋友的人。平时有很多好朋友经常跟我一起沟通交流，一些年长的朋友还经常分享他们成长的经验，鞭策我成长进步。班级里我也有很多的朋友，既有损友也有益友，每天和他们在一起感觉非常充实快乐。

有人说："青春就是迷茫与叛逆的挣扎史。"或许 21 岁这个年龄是一个坎儿，尽管我在生活和学习上很顺畅，但内心里却总会莫名地产生一种不安，或者说是迷茫，还有些许的叛逆（可能是我的叛逆期来得晚）。有一段时间，我看这个世界的每一件事都不顺眼——爷爷、爸爸和五叔跟我说的每一句话，我都感觉特别逆耳——我已经长大了，他们还在不停地批评我，让我很不舒服。于是，我会想尽各种方法来反驳他们。

这样的情况持续了大半年的时间。当时我的内心根本不知道什么是人生目标，也没有具体想过，很迷茫；我对这个世界的很多事情都不太认可，感觉生活就是这样，就像尼采所说的："人，动物的人，就根本没有意义。"每次情绪不好或者感觉不顺时，我就会产生一些厌世的心理。虽然说身边经常有人开导，但这并没有完全打开我的心结。

这些疑惑和问题一直在我的内心挣扎，有一天晚上我实在郁闷得不行了。直到晚上 11 点多，我还在床上辗转反侧，想不通这些问题，就决定写信发泄一下。我写了三封信，一封给我的爸爸，一封给我的五叔，还有一封是给我的爷爷。

大致意思是，爸爸、爷爷、五叔，我不知道我在干吗，我也不知道我跟这个世界有什么关系，为什么我要生存，我的人生是什么，为什么我要读书，我觉得我寻找不到我生命的意义。既然人生没有意义，活着也就没有什么意义了，我决定在暑假前结束我的生命。反正你们也不是特别在乎我，也无所谓。当然，我还是有责任告知你们一下，你们看着办吧。

现在回想起来，写这三封信既有自己对前途和生存意义的迷茫，也有一种调皮捣蛋式的叛逆在里面。

信写完，我便匆匆寄出了，然后离开学校跑到朋友家里躲了起来。刚开始，我还很为我这个鬼主意开心，觉得苦肉计也好，小把戏也罢，一定弄得他们三个“老头子”坐立不安。当时我脑海中浮现出这样一幅画面：三个“老头子”看到信后，马上紧张得不行。三个人碰在一起，马上打长途电话，可是找不到我，急得团团转。我心里暗自得意：“终于小报复了一下，让你们着急一点，谁让你们平时对我那么凶。”随后的两天，我开始放纵自己，要么在朋友家疯狂打游戏，要么跑到外面吃吃喝喝，心里不再想着学习。

到了第三天，我心里有点不安了。一是怕爸爸把信给妈妈看了，让妈妈担心。因为在这个家庭当中，妈妈、五婶以及奶奶对我非常好，我不想让她们太过担心。二是我也很害怕等假期回家的时候该如何面对他们三个人，到时会是什么场景，我真的不知道。

就在我彷徨的时候，第四天我无意中在朋友的书架上看到《高效能人士的七个习惯》这本书。翻开书，我看到了“积极主动”的内容，是讲一个人无论做任何事，首要的是积极主动去解决自己遇到的问题。我当时的感觉就像被电击了一下。是啊，我觉得我作为男子汉大丈夫，自己需要主动面对所做的事情。当天晚上，我一口气把这本书读完了，并当即决定第二天早上就回学校去。

第五天一早，我急速回到了学校。当我推开宿舍门，桌上有三封信赫然出现在我的眼前。我走近一看，分别是爷爷、爸爸和叔叔来的信。我有些纠结了，既非常急切地想知道他们的回复，又害怕他们的回复。我在宿舍里踱来踱去，犹豫了很久，不敢拆，害怕他们暴风骤雨般的指责，我甚至想到“不负责任、只想自己”之类的话。

犹豫了很久，我对自己说：“是福不是祸，是祸躲不过。”最终还是把这三封信一一拆开，但还是不敢看，很怕他们用词特别严厉。于是我快速地从上到下浏览了一下，看看哪封家书的语气比较温和，我就从哪封开始看。

第一封信我选择了爸爸写的，可能是看到爸爸写了“快乐”两个字。爸爸的回信很短，但很意外，一改往日的严厉，变得很温和。信里他对我说："明基，看到你的厌世，我很震惊。人生很短，你长大了，人活着就要快乐，希望你能找到自己喜欢的事去做，不断追求你深层次的快乐，好好珍惜自己的生命。"

我看的第二封信是五叔写的。他说："明基，你长大了，在寻找自己生命的意义了。对于一个男人来说，最有意义的事，就是要胸怀天下，要看到中国的大势，做大事，并为此要做好准备。我们平时对你严厉，更多的是希望你能够成为做大事的人。人生其实就是等待一个机遇，而这个机遇来临之前，你要通过一切方法来武装自己，做好准备；只有这样，当这个机遇到来的时候，你才能有信心去把握好它。希望你能堂堂正正地做一个中国人。"

最后一封是爷爷写的，信里除了鼓励和认可外，爷爷还说："明基，等你这个暑假回来，我带你回汕头，到我们的祠堂去看看，我们的根在广东汕头。自从我们家族离开家，到你已经是第四代了。我们是中国人，我们洪家的生存史也是一部创业打拼的历史。洪家的每一个男人都是有责任的，要能够担负起家族的重任。我们洪家天生有开创事业的能力，我也特别希望在你这一辈能够更加发扬光大。你长大了，我也相信你会想明白，你是能够肩负起家族的使命和责任的。"

看了这三封家书，我的内心久久不能平静。这三封家书深深地触动了我，三位长辈没有对我有任何的责备。因为如果那天看到的全是责备，我可能不回家，就直接逃走了。那时候，我就是这个心理状态。

后来我反思他们对我的教育方法，我总结出这样几点：一是聆听，二是不做任何的批判，三是接受我的感受和所表达的意思。他们分享自己类似的一些经验，并指出一条路给我走。这个方法，后来我和徒弟、学生开会时，也经常用，很有效果。

三封家书带来的思考

这件事让我陷入了深深的沉思，我开始系统地思考自己。这三封家书，看了一遍又一遍，我从来没有这么认真地看过几封信。

爸爸让我寻找自己喜欢的东西，我能够做自己喜欢的事情就代表能够获得所谓的快乐。人生的目标是快乐。我的叔叔给我讲世界大势，尤其说到中国的大势，以及在改变过程当中，我要把握好机遇。其实，当时我并不了解中国的大势及发展机会。我爷爷更多给我讲的是家族和民族责任，家族赋予我的使命。作为家族的一分子，身上要有一份责任感。

我知道，我的祖辈和父辈都是爱国人士，可当时我对爱国的感觉并不是很强烈，但这三封信让我第一次真正有了对于国家和民族的责任感。我开始真正思考，我的人生应该如何度过？我到底喜欢什么？我的幸福快乐应该是我追求的关键，什么样的东西能给我带来快乐，让我可以努力地去工作？我生活的意义在哪里？作为洪氏家族的一员，我这一生应该承担起什么样的责任？作为一个男人，我应该树立什么样的远大志向，接下来的机会在哪里？这几个问题在我的脑海里不断重复，我也一遍遍问自己。

我把自己关在宿舍里整整三天。正是这三天，虽然还有些懵懵懂懂，但也悟出了一些道理。虽然那时对中国大势、发展机遇、家族的传承等方面感觉并不是很强烈，但我想明白了一件事，要做一个有责任的男人，对自己的家族负责，要武装自己，找到自己喜欢的事，做出一番事业。

我清楚地记得稻盛和夫说过这样一句话："要想拥有一个充实的人生，你只有两种选择：一种是'从事自己喜欢的工作'，另一种则是'让自己喜欢上工作'。"

我喜欢美食，美食能够带给我快乐。很多同学都知道我特别喜欢吃东西，是个超级吃货，那时我就下定决心，我要以吃作为切入点，打开一条通往未来的路。后来，我所做的事情都跟吃有关系，我的食品工业、我的餐饮、我的零售全部跟吃有关。直到今天，我才深深明白，创业时找到自己喜欢做的事有多么重要啊！

作为洪氏家族的一员，从这一刻起，我立志肩负起家族责任。祖辈从内地到香港创业，建立起了洪氏家族产业，我的爷爷、叔叔和爸爸都在香港经商，我相信自己一定有这个能力。我同样要靠自己打拼出一片天地，我要创业。

曾祖父创立的合兴油厂门市部

想明白以后，我突然感觉自己一夜间就长大了，我同时感觉自己找到了人生的价值追求。这时一种强烈的责任感油然而生，一股强大的力量瞬间充满我的全身。这股力量我当初并不明白是什么，但正是这股力量帮我做出了人生中第一个重要决定——开始美食创业。

这三封家书是我人生的转折点，我找到了自己所喜欢的、有能力去做的、社会需要的、对自己又很有意义的事。这股力量也一直支持着我接下来的创业。

那年暑假，我回到香港后，爷爷带我回到汕头，看了家族的祠堂。我进了祠堂以后，爷爷拿出一本特别大的族谱，缓缓地打开。看到爷爷这个庄严的举动，我的内心深处一种神圣感油然而生。爷爷讲了一段我从来不知道，也从没有真正关心过的家族历史。爷爷讲道：

我们家族的创业史要从你的曾祖父讲起，他叫洪鹤友，出生于汕头市澄海县岐山镇寨头村，之前家族世代居住于此。你曾祖父年轻时不甘于生活的平淡，到汕头市发展，在汕头市升平路创立合福盛商号，从此开始了经商之路。

当时正处于民国时期，整个社会动荡不安，可以说民不聊生，人们的生活异常艰辛，成年男子时常面临着被抓壮丁的可能。当时非常多的人开始离开中国，跑到南洋去谋生，也就是现在的东南亚一带。你的曾祖父看到国内实在无法

洪氏宗祠

洪氏族谱

生存下去，就随船几经漂泊去了新加坡。一个人在人生地不熟的地方，生活往往都是从做苦力开始的，而且在南洋打拼的人很多都没有能够再次回到家乡，要不客死他乡，要不永远没有能力再回到家乡。

你的曾祖父在新加坡待了一段时间后，他的思乡情绪一直无法舒展，国家和民族的牵引力一直召唤着他回国。于是，他又到了香港，在上环永吉街创立合顺宝号，从一个很小的门面开始打拼，卖食用油，顾客一点点地积累，逐步把事业做得越来越大。到我这里时，我自己认为也要闯出一片天地，就把事业扩大了。你看你的爸爸和叔叔，他们也并不是完全承继祖业，都是通过自己的打拼，才有了一片天地。你的曾祖父一直有一个未了的心愿，那就是把事业带回内地、带回家乡。因为我们家族的根在内地，希望我们能够多做一些对国家、对家乡有益的事。

听完爷爷介绍的这一切，我当时感觉到一股特别大的能量通过他的身体转移给了我。看着那些神主牌，我脑海里仿佛看到自己站在最前方，爸爸在后面用右手推着我的右肩，爷爷用同样的动作推着爸爸的右肩，曾祖父推着爷爷的右肩……这样一直绵延了 20 多代。“父亲”跟在“儿子”的后面，形成支持他的一条血缘的父子线。如今，这股充满信任和爱的能量，正从我父亲的右手传递到我这里。

我的曾祖父洪鹤友

爷爷、奶奶、弟弟与我

那一刻，我对家族有了全新的理解，对家族文化的认知更加系统起来。

其实，我们作为家族的一员，不仅继承了这个家族的基因，更是继承了这个家族的信仰体系和行为模式。从出生起，我们的家族就成了一个能量领域，而在这个能量领域当中，每一个家族成员都有独特的位置。如果我们能够好好利用这个能量领域，就能更容易达成目标，以及能够维持或者经营跟这个社会的关系，也会让自己变得更健康。一个家族，就是一棵大树，而我是其中一个小枝干，我的父母则是前面的大枝干。

那一刻，我懂得了爷爷为什么要带我去看祠堂，这个祠堂能够赋能给我，整个家族的能量都源源不断地赋予了我。

那一刻，我认识到我的家族是具有强烈家国情怀的，是具有利他之爱的，是希望对国家做贡献、对社会做贡献的。

那一刻，我是谦卑的、敬畏的。在接受了祖辈传递给我的信心和能量后，我的内心已经有了清醒的认识。我要好好利用他们给我的信息和能量做一个更强的人，我要为家族、为民族做更多有意义的事情。

此时的我像充满了能量的电池，决定好好去干一番自己的事业。

原力的觉醒
让灵魂雀跃

这股强大的、神秘的力量究竟是什么？我开始一直说不明白，直到有一天看了美国导演乔治·卢卡斯执导的《星球大战》，里面提到了一种神力。看到这个“神力”所起的作用，我突然想明白了，我知道这股力量是什么了，我就把这股力量称为“原力”。

《星球大战》里提到的原力是一种超自然的，而又无处不在的神秘力量，是所有生物创造的一个能量场。如果拥有了这种原力，经过后天的修炼，便可具备超越常人的能力。比如，可以强化生理机能，可以用意念转移物体，可以控制他人的意念，还会拥有预知未来的能力，等等。而我感悟到的原力，并不是《星球大战》里的那种无所不能的“原力”，更多的是指促进人成长和发展的原动力。

那原力究竟是什么？我一直想给它下一个准确的定义，却找不到思路。它就像老子所说的“道”，没有准确的定义，正所谓“道可道，非常道”。

有一天，我把它和马斯洛需求层次理论结合在一起分析后，我忽然明白了，并形成了对原力系统的认知：

原力是促进自身价值实现，并追求超越自我的利他精神的源泉。

从定义上看，原力可以辐射自我价值实现和超越自我的利他两个阶段。我觉得我们只有至少以迈进其中一个阶段为目标，才能有效地调动原力。这也是我们达到身心一致的关键法门。

这两个阶段共有五个层次：

第一个层次是利己，第二个层次是先利己后利他，第三个层次是同时利他和利己（双赢），第四个层次是先利他后利己，第五个层次则是完全利他。前三层可以归纳成自我价值的实现，后两层则归纳为无私超越自我。怎么去理解呢?

我们创业的阶段最需要达到的目标是财务独立、公司安全。一般情况下，我们考虑自己的商业模式都是从第一个层次开始，以自我为中心。在不断打磨推进的过程中，我们发觉在考虑自己的同时考虑他人的感受，效果会更好。后来形成了双赢，将双方都有机会"赢"作为我们最顺利完成的方法，这是一种更上一个台阶的商业模型。这是前三层。

当我们的公司经济规模达到财务独立，各方面都有安全感的时候，我们追求更多的是归属感，社会对于我们的尊重。开始我们会以先利他后利己作为处世方法，促进商业模型的改变。当我们实现了自我价值后，会发现有更高的阶段可以让我们的灵魂雀跃，让我们有无限的能量超越自我去利他。这是后两层。这五个层级与企业的规模、创业者对社会的了解，都有很直接的关系。

原力的两个阶段五个层次，如下图所示。

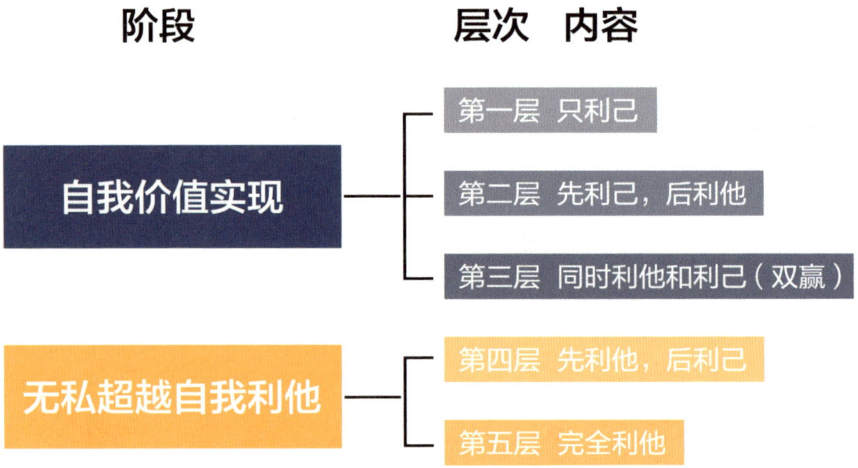

我们如何理解原力呢？可以这样来思考：

初始的原力，以实现自身价值、获得快乐为核心

这个阶段是以自我为核心，以获得快乐为目的。就像大部分人一样，我们刚开始并不是为了利他而创业。我们刚开始的目的就是赚点钱，改善自己的物质生存条件，以让自己感觉快乐。当我们的经济条件得到了满足，我们开始追求个人被尊重、追求社会地位、追求影响力。在这个过程中，我们发现要达到目标，往往需要通过

满足其他人的需求才能实现，所以这个时候的利他是被动的。因为只有利他，我们才能获得自我的价值，这时的出发点是以自我为核心的。

更强大的原力，来自追求无私、超越自我的利他精神

对于许多刚创业的年轻人来说，这样讲可能会感觉到是在唱高调。但当你走过第一阶段的时候，你会发现，若想获得更大的成功，只有通过无私地对社会做贡献、有超越自我的利他精神这条路。我们可以逐一分析在人类长河中那些受人尊敬、让后人传颂的人，无一不是有这种利他精神的。所以，如果从创业开始，你就能够立足于这个追求，那么你的立意就高，获得成功的机会就更大。

以前我对利他精神的理解只是停留在肤浅的表面，只是为了应对父辈的期望。后来当我愿意去做青年工作和从事公益事业时，我才在其中得到很多精神上的反馈，此时我的内心是非常开心的。

一直以来，我们的商业模型最多也只是达到“双赢”的模式，直到最近几年我把利他精神和中国的大势结合起来，发现了更深层的含义。

原来利他精神不只局限在公益事业，其实在我们生活的各个维度都涵盖着利他精神。我们可以从三个范畴来了解利他的实践：一个是对公益，一个是对人，一个是对商业模型。

从公益的角度来看，当你的事业发展良好时，你应该把自己的发展成果拿出一部分用于做公益事业，帮助更多更需要的人。公益事业做得多了，你会发现自己的事业越发顺利，事业停留顶峰的时间也越长。

从人的角度来看，我们在考虑每件事的时候先考虑别人的感受再考虑自己，这样我们就能在不同的维度、角度建立自己的“人和”，让其成为未来成功的基石。现在是互联网时代，人力资源是最重要的。当你名声在外，人们都知道你有利他精神、以考虑他人为先，更多的人才就会愿意到你这里来，这样可以营造一个人力池的循环。

从商业模式的角度来看，我们知道一般的模型是从利己开始搭建的，如果我们能从利他的角度开始搭建，这个模型的存活、发展、长久度会更强。

所以请你记住，越利他越成功，要想成功就先利他！

强大的原力，可以创造一种利他的愉悦回路，获得深层次快乐

人的快乐可以是暂时的，也可以是深层次的，快乐也能够带来更多的幸福。往往物质和感观的快乐是短暂的，也是容易达到的；只有精神或者思想层面的快乐，才能给人带来深层次的快乐。这方面往往是“利他”带来的。利他，可以带来深层次快乐，这种快乐反

过来又刺激自己的原力，让原力更强大，做更多利他的事，从而创造出一种不断上升的愉悦回路。因此，我们也可以说“利他是原力的终极动力源泉”。

借宇宙之力，与元神共舞，让灵魂雀跃

什么是宇宙之力？何谓“元神”？真正理解起来是有难度的。大家可以简单理解为，打开自己的能量场，接收一切能量，用原力找到精神层面的“我”，即我的元神，然后不断地与其对话交流，让自己的灵魂更加雀跃。

如果一个人缺少原力会如何，我概括为一句话是“原力缺失，精神缺钙”。这样他的一生会很劳碌，没有特别大的人生目标，甚至总是去追求虚无的东西，喜欢随波逐流，在困难面前容易退缩，生活中只追求及时享乐。

话说回来，我的“三封家书”让我产生的决定，不正是我在追求自我价值的实现吗？只不过我无意中快速找到了实现人生价值的方法。我的家族的爱国主义、利他的精神追求，不正是原力的第二阶段吗？

有了这个强大原力，就可以让人拥有良知的无畏信念，在面临困难、挫折时能够表现出一种强大的克服力，在遇到危险时就能更勇敢，在遇到嘲笑谩骂时保持定力，在遇到诱惑时坚定自己的方向。

与元神对话
关键时刻做对关键选择

当找到自己的原力之后，我的内心里一直有个声音在召唤我去内地创业。那时是 1993 年，邓小平视察南方谈话的第二年。

初始，我的想法很简单。我认为，作为一个美国名牌大学的高才生，来到刚刚起步的内地零售市场创业应该是绰绰有余的，很容易获得成功。我在大学时学的企业管理、战略规划、会计管理、人力资源方面的课程，都得了高分。如果能够照搬不误地把它们全部用到实践当中，应该是特别管用的。

那时我还不太了解什么叫纸上谈兵，我 23 岁时是多么地天真，以为书本上和课堂上的知识，很容易就能够变成活生生的方法，进而实践下去。后来，我在经历了很多次的挫折后才领悟到，能够让课堂上和书本里的知识与实践经验结合，升华成自己的方法论，才是最关键的。

当时在我看来，整个内地市场还是相对空白的，社会上很多优秀的人才都在政府或是国有企业里工作。而那些真正从零开始创业的可以说是寥寥无几。整个餐饮业也是刚刚起步阶段，没有一定的标准化和连锁化。我觉得这是一个非常好的机会。我用自己在美国做的战略规划，还有研究方法，去看整个市场的格局。这里没有竞争对手，顾客也比较渴望外来的尝试性的产品，我觉得很容易成功。当时完全没有认识到自己的几个明显不足。

进入市场以后，我的这些不足接连不断地显现出来了。首先，我的日常用语是粤语和英语，普通话完全不会，在交流上出现了很大的困难。我蹩脚的普通话，让很多人听了如坠云里雾里。其次，我对内地社会和营商环境没有任何的经验，不懂人情世故。在当时的情况下，人际关系是做生意很重要的一环。最后，我刚来内地，没有朋友，没有人帮我。所以在相当长的一个时间段里，我都是单枪匹马。这些都严重影响到业务的展开。

在那一年当中，我花了大量的时间去选择，应该集中去攻坚哪个行业，怎么去摸索商业模型。在这一年里，我大部分时间都往返于内地各个城市之间。这个过程中遭了不少罪，尤其是我的身体不适应各地的天气，隔几天就会咳嗽。整个人的身心都很疲惫。

有一次我从沈阳出发，晚上到了广州，在贵都大酒店住宿，准备第二天去看两个食品工厂，还有便利店的项目。不知道为什么，我开始咳嗽，并出现了发烧症状。那一刻我感觉自己的身体到了临界点，如果不好的话就会崩溃，转成大病。当时我的内心里就萌生了退缩的念头。

望着窗外的车水马龙，我的内心无比纠结。我在想，在内地这么辛苦干吗？如果在美国从事投资银行工作该多好！每天早上拿着公文包到公司，然后坐在非常舒服的办公室里，风吹不着，雨淋不着；每天在高级的谈判间里，穿着西装谈笑风生；周末的时候约上三五个朋友，开着跑车到郊外狂野。可现在呢？我来到内地创业，每天搞得灰头土脸，条件这么差，怎么做好这个事情。

这注定是一个令人难忘的晚上。直到10点多了，我还是睡不着，咳嗽得越来越厉害，恨不得把五脏六腑都咳出来。我拖着沉重的步子去拿杯水，喝了下去，想着接下来该如何在去留中挣扎……毫无办法之际，我突然一拍桌子，决定要跟自己好好谈判一次，以决定自己的去留。后来我把这次谈判叫作“与元神对话”。

我拿出两张纸片，一张写下“我留在内地发展的好处和坏处，以及将来会遇到的挑战和压力”，另一张纸写下“回美国的好处和美好的憧憬”。拿着两张纸片，我左看看、右看看。此时我的身体和情绪在很大程度上都是偏向于回美国，过一个更熟悉、更适合当时的我的人生。但是看过了回美国那张纸片后，再回看留在内地那张纸片，此时又心有不甘，那可是我一直追求的个人目标啊！这是我的一个使命啊！我要这么轻易就放弃吗？

此时的我就是一个复杂的矛盾体。我的身体和潜意识想让我回美国，因为那里看似更适合当下的我。但理性又告诉我，回中国是

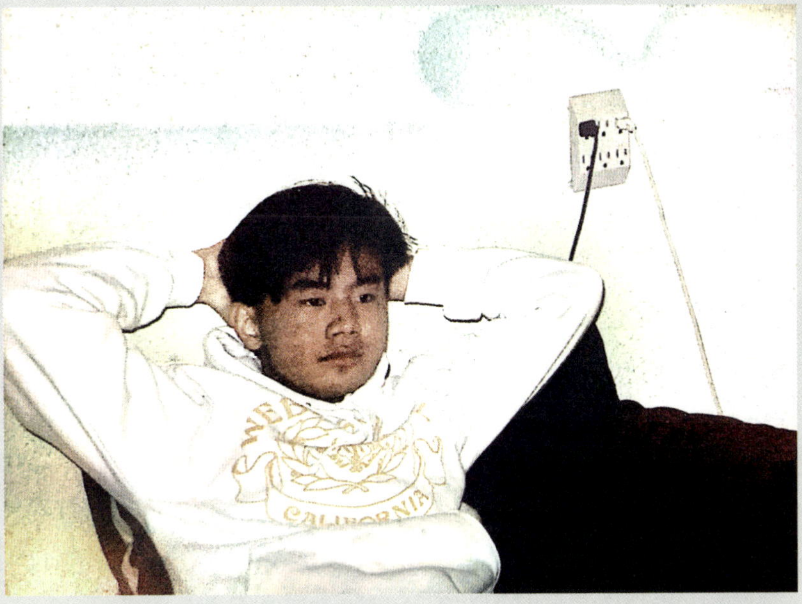

在思考三封家书

为了实现我自己的理想，要做大事的。我开始和元神对话：既然你决定让我为内地做事业，为什么把这么多痛苦和挑战给我？为什么连一个强健的身体也不给我？我过敏的体质总是伴随着疾病，让我如何做下去？

谈判第一回合，我的身体和潜意识明显占了上风，它们都希望我决定回美国，我已经打算逃避了。但就在这时，忽然潜意识中浮现出一个画面——三封家书好像就在眼前。我想起叔叔跟我说的，男人要胸怀天下；想起爷爷讲到的责任，家族责任和民族责任；想起了爸爸跟我说的，要寻找快乐，要做自己喜欢的事。我仿佛又看到手搭肩的血缘父子线。顿时我的理性占了上风，再难也要坚持下去，不要逃避。

我此时与自己的元神做了一次豪赌：如果你能赋予我能量，让我的身体变得更强壮，让我更有耐力去克服一切困难，我成功以后要做三件事。想到这儿，我当即把这三件事写了下来：

> 第一件事，我要去建立一个教育基金，推动中华文化价值观的传播；并用教育基金支持有需要的孩子上学，让他们都能够有机会上学，给他们平等竞争的机会，实现他们自己的理想。
>
> 第二件事，我要建立一个医疗机构，来帮助一些中老年人，使他们老有所“医”。

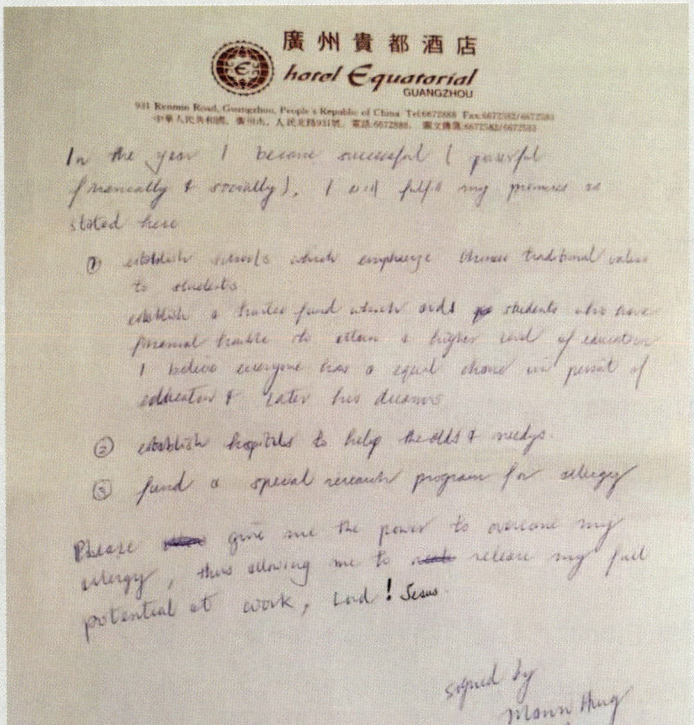
廣州貴都酒店

hotel Equatorial

GUANGZHOU

931 Renmin Road, Guangzhou, People's Republic of China

In the year I become successful (powerful financially & socially), I will fulfil my promise as stated here

1. establish schools which emphasize Chinese traditional values to students
   establish a trustee fund which aids students who have financial trouble to attain a higher level of education
   I believe everyone has a equal chance in pursuit of education & realize his dreams
2. establish hospitals to help the olds & needys.
3. fund a special research program for allergy

Please give me the power to overcome my allergy, thus allowing me to release my full potential at work, Lord! Jesus

signed by
Mann Hung
洪明基
1/17/93 11:05 pm.

与元神对话的承诺

第三件事，我还会投资一个基金，并投入一笔用于研究过敏原的资金，使这个问题实现更多的突破。

我写完这三件事以后，内心一下就释怀了，我把去美国那张纸片撕得粉碎。

我发觉，我的纠结、痛苦与矛盾来自我身心的不一致——我的内心其实很想留在内地实现自己的理想，去创造更多的价值；而我的身体和我的情绪，希望我找到及时的、更舒适的环境去享受。我的释怀是因为我的谈判是成功的，身心能够合一了，这表示它们同意我留下来。

那天晚上，我睡得特别踏实，早上起来咳嗽好像也好了，也不发烧了。与元神的对话，让我的身心不药而愈了。

这次对话大大调动了我的原力，让我更深刻地了解了我的使命。我发觉，与元神的对话出现最多的情况就是，在你的情绪最高涨或者最低落，或者你身体非常不好的时候。这也是跟元神对话的最佳时机。后来我总结了一句金句：原力点燃我精神的灯，让我的前路不再黑暗。

后来，我发现与元神的对话很管用，每一次对话“原力”都会起到重要的作用，反过来也会进一步增加原力。

今年有一次我从深圳飞回北京，无意中看到对郎平的报道。因为平时我喜欢运动、喜欢功夫，我喜欢李小龙，也是“铁榔头”郎平的忠实粉丝。当看到郎平的经历时，我忽然联想到“原力”，想到关键时刻的选择。郎平不也是具有强大原力的人吗？她也正是依靠强大的原力，让自己在人生路上做了一次又一次的关键选择。

> 曾经有一段时间，中国女排成绩是一团糟。到了1994年，中国女排的排名已经掉出了世界前八。于是当时国家体委的领导致电郎平称：“祖国需要你！”正是这句“祖国需要你”，激发了郎平强烈的使命感，她决定回国执教。
>
> 当时郎平在美国已经开始拿巨额的薪水了，和国内的薪水相比，简直是天壤之别。但是这些并没有让郎平知难而退，她还是毅然决然地选择了回国执教。这是她的一次选择。

看到这一点，我在想，是什么让郎平做出这样的选择？一边是优越的条件，丰厚的待遇，另一边是微薄的薪水，艰巨的任务，异常辛苦的工作，还有可能失掉一世英名的风险。这背后一定有着强大的原力，一种具有家国情怀的、利他的原力，来支持着她。我相信她一定经历过激烈的思想斗争，与元神有过对话，才有了这次艰难抉择。

> 回国执教的郎平，不到几年的时间，就带着中国女排重

新回到了世界强队之林。

功成名就的郎平没有贪恋名利，而是急流勇退，辞去了主教练的职位。为了照顾在美国的女儿，她选择了去美国执教。在郎平的带领下，美国队变得强大起来，而没有了郎平的中国队，成绩又开始下滑了。

2009年，郎平离开美国队，去恒大女排做了主教练。

2013年，郎平再次收到了中国女排的执教邀请。而此时郎平在恒大的年薪已经达到了500万。但是郎平再次响应国家号召，又一次放弃了高薪，回到国家队。这是她的又一次选择。

郎平在自传《激情岁月》中写道："打球已经完全不是我们自己的事情、个人的行为，而是国家大事，我自己都不属于自己。女排是一面旗帜。"这次选择也狠狠地打了那些污蔑者的脸。

在郎平的带领下，2016年中国女排再一次收获了奥运会冠军。此时的郎平再一次成了中国人的英雄。2019年女排世界杯上，她更是带领中国女排一路过关斩将，用11连胜收获了冠军。

祖国的每一次呼唤，郎平都没有置若罔闻。她的爱国精神已经超越了一切。爱国，也是她一生不变的坚定信仰。这种爱国使命也是郎平做出一次次坚定抉择的原动力所在。我为我们国家有郎平这样的人而感到骄傲！

每个人的人生，或多或少都和郎平相似，都是由无数个艰难的选择组成的。这些选择组合到一起，就会让我们自己变得不一样。靠着这股强大的原力，一次次地“与元神对话”，我迈过了一个又一个坎，事业稳步推进，并获得成功，也完成了自我价值的实现。

点燃别人的原力

“利他”旅程的开始

经过 20 多年的创业，我在国内的事业取得了非常好的发展。后来在实现自我价值的同时，开始专注于扶持更多的年轻人去创业的工作。其中最让我开心的一件事是，我通过有意义的启发和引导帮助一个朋友点燃了自己的原力。

我有一个学生吴贞，现任时鲜餐饮的董事长。

吴贞是我在 2017 年 GYS（全球青年大会）活动上认识的。当时大会推荐她做我的学生，我想其中一个原因是她父亲经营了 30 多年的餐饮连锁集团。我还记得那天她和几个新推荐的同学在礼台上拍照的情形，那时的她特别热情，又有些娇羞，只是在她的眼神背后透着一股隐隐的忧伤。

青年大会后，我们很快组织了第一次成长小组会议。在会议上，吴贞分享了她在家庭、事业以及感情上遇到的困难。大学毕业后，吴贞从未踏入社会工作一天就结婚生子了，她的生活全然放在照顾家庭和孩子身上。可事与愿违，同一年她的婚姻出现了变故，整个人崩溃且跌入了人生谷底。离开家，换一座城市，重新开始一段新生活，是她唯一的念想。可父亲的反对成为她另一大阻力，他不但不支持女儿的离开，却再三要求她加入自己经营了 36 年的企业，以期望她能重新振作起来。她认为父亲不理解自己，并不断地与父亲发生争执与对抗，关系越来越僵持。最终，为了家庭和睦，表面上接受了父亲的要求，但内心的极度不情愿更加剧了她的内耗，而使其力不从心。

我当时问她想做什么，她说只要离开家就可以了，还想自己去创建一个品牌。

通过她的分享，一方面我了解她完全没有社会经验。我一开始也有疑问，为什么她会参加到青年大会？这可是为创业家打造的平台大会。对于创建品牌的想法，我觉得她没有准备充足，我给她贴的标签是她不适合从商，基本上是“家庭主妇”的状态。另一方面我也非常喜欢她。因为她第一次开会就毫无保留地把自己的困难做了分享，这种信任对于我和那些师哥师姐来讲，都是一份责任和赋能。

吴贞的问题对于我来说是一个挑战，但我很快找到了问题的本质，那就是她内心的原力没有被激发出来，需要做进一步的修炼。我对她说：“吴贞，无论我们现在从事的是哪个行业，我们最终的目标都是修炼成为真正的人，而选择什么行业，都不过是我们修炼成人的一个过程。在这个经历当中，你会发现你真正热爱的是什么，我

我和吴贞在孔子研究院

到自己喜欢和擅长的事，就会让自己充满力量，走出目前的状态。”后来，她表示我的这段话让她有一种醍醐灌顶的感觉，并深深地震撼着她的内心。

不久，她的态度发生了很大的转变。在我们的成长小组会上，她会不断地向周围的人请教，学习一些很棒的思维方式，并进一步去探索和练习。在以后的几个月当中，她慢慢地和父亲达成了共识。一方面在家里继承家族的事业，同意在家族公司工作，放下曾经的成见，以一颗敬畏之心去接受父亲用 36 年打造的企业——时鲜！另一方面她也说服了父亲，赋能给她创建新品牌。此时的她开始慢慢地了解自己的使命了。

从曾经的视而不见，到现在的看见并感恩，我想这种转换对于吴贞人生的影响是巨大的！

通过不断的外出学习、游学走访以及大量的阅读，吴贞的商业嗅觉变得越来越敏锐，越来越能够从他人的案例中找到规律，并且勇于在各种场合中进行分享。内在生根，外在生形。她突飞猛进的变化，感染了身边的每一个人。她与父亲之间的关系自然而然地得到了和解，不再是对抗。她身边的朋友见到她的第一句话就是：“吴贞，你变了！”

我记得特别清楚，她后来找到几个师兄弟，让他们在不同方面援助她创造一个新的互联网品牌，而且她做得还不错。我也尝过她的产品，非常棒。

我目睹了吴贞变化的整个过程，看到了她的蜕变。

成长小组的互动和沟通，激发她在困难点当中去盘点、反省，激发她寻找到了自己的原力。在这个过程当中，她也领悟到自己是父亲生命的延续，也是企业文化的延续。就像我看到我们家族的祠堂一样，它激发了我做中国优秀企业家的使命。为了这个使命，我要努力工作，不断学习。吴贞也领悟到了这些，通过自己的不断努力，走过了所有的泥沼。

吴贞身上体现的就是善用困难，正如我所说，越是在困难时刻、身体不适之机，越是调动原力的最好机会点。

后来，我们“洪门”组织游学，有一次特意去了她的家乡——鹰潭。这次活动由她来组织，我只给她提了一个要求，要有“独一无二的体验”。整个过程中，她把每一个细节都做到了极致。结束分享时，我送了她一句话：“吴贞，你身上具备一种变态完美主义的特质，不是所有领袖都具备这种特质。我所看到的具备这种优秀潜质的企业家为数不多，你是其中的一个。”

她说：“Oh my god，或许这是我这辈子听到的最受鼓舞的一段话！”

再后来，一切都变了。经过一年时间的不断自我迭代与精进，她在 2019 年的金秋晋升到了企业的最高职位——董事长。她父亲将责任和权力放心地交到了她的手中。

在谈到这两年的变化时，她说了以下一段话，也让我深有触动：

我想，一个人最大的幸福莫过于——在人生的途中、富有创造力的壮年，发现此生的使命！我的使命是成为企业的传承者，成为老一辈企业家优秀品质的传承者！

从两年前的迷茫到如今愿意更多地去担当，这些美好从始至终并没有真正离开过我，只是我一直没有拾起。但当我发现并紧握手中的责任、使命和爱的时候，我似乎获得了重生，我本就应该活成这个样子。

所以，把眼前的事情做到极致，下一步的美好自然会呈现！

原力运用

我正在通往“利他”的路上

知道了强大的原力来自利他精神，接下来，我做了一系列“利他”的事，并从中获得了深层次的快乐。

说起“利他”，我就想起一直以来爸爸和爷爷教我要多做有益于社会的事情，我在祠堂的那一刻也深深感到承担公益事业是我们家族的传统。小时候看到父辈们做很多这方面的事情，潜移默化中，我也做了一些公益事业。当明白原力深层次的道理后，我便主动做起公益事业。在看到有需要帮助的年轻人时，我就会拿出全部的热心、尽我所能帮助他们成长。

在公司推行共享制

2015 年我反思，公益事业和利他精神应该从我们的周围开始，所以我开始关注公司伙伴的需要。偶然的一次机会，我接触了“共享制”的概念。我认为这是让努力工作的公司伙伴分享到更多发展红利的重要方法。于是从2016年开始，我们做了尝试，推出共享制。这个制度的核心是我与店长分享经营成果，当店铺的利润超过约定标准时，我愿意拿出更多的利润分给他们。

我们先从北京开始，然后逐步推广到其他地方。共享制度的整体推出，在公司产生了非常大的影响，同时也带来了不少问题。这个制度还要不断深化和探索，但核心的目的是让更多的公司伙伴通过这个平台实现自己的人生理想。

创办“海阔天空创投基金”

就在同一年，一次我跟两个好朋友聊天。其中一个是我多年的合作伙伴文立，他是我科技领域的伙伴，曾建立了自己的“第一线集团”，是一个特别成功的技术型CEO；另一个是我的大学同学方仁宙，无论是在美国硅谷，还是在内地，他都是创投界非常有名的投资专家。

我们当时讨论到了当下粤港澳大湾区的发展有很多的潜力，以及非常多年轻人有创业的需求，我们可以为此做一些事情，来帮助他们。我们都经历过创业，实现了从0到1，创业的艰辛自是深有体会，我们可以把自己的优势整合一下，助力青年人的成长。在这个共同的理想下，我们决定成立一个基金。这个基金就是“海阔天空创投基金”。

在成立“海阔天空创投基金”的邀请函上，我们写了这样的一段话，至今让我记忆犹新：

> 作为土生土长的香港人，生于斯，长于斯。我对这个美丽的小岛拥有深厚的感情，并一直希望能为这个城市做出贡献，为下一代搭建更好的平台，推动香港的可持续发展。
>
> 因此，我最近连同两位同样在本港土生土长的企业家——文立和方仁宙，以及 eGarden Ventures（拥有 18 年投资科技初创公司经验的创投基金）和弘毅投资（联想控股成员，管理资金总规模超过人民币 700 亿元）共同创立了一个全新的投资基金，名为“海阔天空创投基金”。
>
> 今日香港虽然面临很多挑战，但是我们依然相信那些有志青年会迎接自己的发展机会，我愿意用利他之心帮助他们成长和发展。后来，我们资金的投资范围也扩大到整个大湾区。在“一国两制”的前提下，香港在研究和研发能力上，在概念的生成上都有独特的优势。企业可以结合内地的供应链能力和广大的市场，在整个大湾区融合后的优势上，把握这个机会，把利益实现最大化。
>
> 我们几个主要创办人之间的共通点是，均为中国香港出生及长大，同时我们公司的投资及业务均已扩展至内地，

以至整个亚洲及国际市场。我们深知中国人才辈出，年青一代更加创意无限，因此我们鼓励年轻人要勇于创业。而“海阔天空创投基金”成立的目标，除了在资金上协助潜力无限的初创企业茁壮成长外，亦透过我们这一群创业者分享过去数十年开拓内地及国际市场的经验，为大湾区包括香港的初创企业家做出指导，从而推动建设本地初创企业的生态圈。

我们冀望“海阔天空创投基金”能为初创企业构建一个跳板，在得到资金及具有开拓国内及海外市场经验的创业者适当的指导下，这些具有潜力的初创企业能够无惧地域的限制，逐步扩展业务至大中华地区，甚至面向国际舞台，达到“冲出亚洲，走向世界”的梦想。

近 50 岁开微博和写书

2019 年，在我生日那一天，我做了人生中另外一件事，我决定开微博和写书。这在五年前是我想都不敢想的事。

之前我一直比较低调，从来不玩微博，对新媒体、社区新零售等概念了解也不多。但让我决定做这两件事的驱动力，是在做青年导师之后，我看到青年创业者对成功的渴望，看到他们对于“过来人”指导的渴望。

“海阔天空创投基金”成立庆祝会

我们一起高歌《海阔天空》

洪明基
知名职场博主
+关注
私信
他的主页
他的相册
78
关注
320506
粉丝
183
微博
微博认证
知名职场博主
北京
1970年7月17日
简介：合兴集团控股有限公司行政总裁
查看更多
微关系
洪明基
11月11日 22:26 来自 一直播Yi
洪老师直播首秀专场 六力理论助力自我改变之路 @洪明基 的一直播
（下载App-> 网页链接）
北京
回放 45万次观看

我今年 7 月开微博

每次讲课完，都有很多同学问我："洪老师，您有微博吗？或者我可以加您微信，您方便时请教您。"后来，越来越多的人在加我的微信，需要回复的共性问题越来越多。为了方便更多的人，根据那些青年人的建议，在接近 50 岁的时候，我开设了自己的微博，并开始写书。没想到，我的微博开通短短两个月，就吸引了 32 万的粉丝，他们经常与我积极互动。

看到大家的学习热情，我更坚定了要把这本书写出来的信心，以让更多的人了解我的创业历程。通过这一切的操作之后，我真正找到了自己的人生意义和价值，它让我感到由衷的愉悦。

原力修炼方法一
四维交叉，找到原力

很多朋友问我："洪老师，我也想找到原力，那有没有好的方法？"我很长时间里也是反复推敲，最终我发现探寻自己原力的过程还是有迹可循的。

现在我们先来看看修炼原力的第一招，即找到自己的原力。

我当年找原力的方法，是懵懵懂懂的，是三封家书让我找到的。有一次，我看书的时候，偶然间发现了下文中的四维交叉图。这又让我豁然开朗，也明白了我为什么在 21 岁时可以找到原力，同时也为其他年轻人寻找原力提供了一个有效的方法。

这张图一共有四个维度：第一个维度是"你喜欢做的事"；第二个维度是"你擅长做的事"；第三个维度是"对社会有益的事"；第四个维度是"能够获取收益的事"。

这张图的核心在于，当一个人想得到持久的幸福与快乐，他就要找到这四个维度的交叉点。如果没有找到四个交叉点，他只能获得

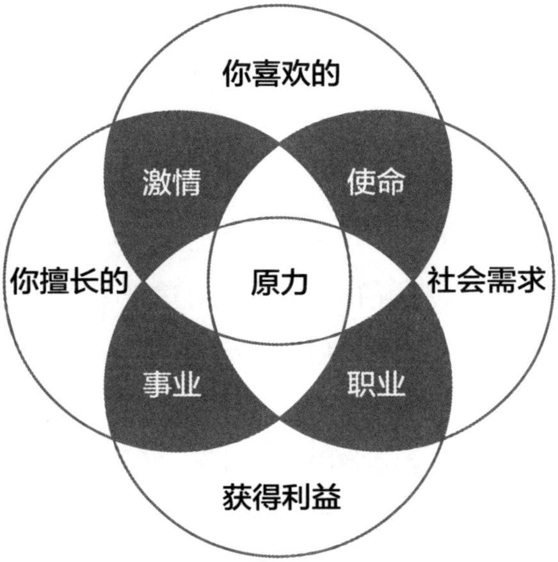

源自日本历史悠久的哲学思想

其中一个部分。四个维度交叉的部分既是幸福点，也是原力聚焦的地方，我们可以从这张图入手来找自己的原力。

对照这张图再来看我的原力，我为什么豁然开朗？我那三封家书，我爷爷对我说的是什么？是我们家族的能力；我能够干什么，也就是我擅长的。后来事实证明了这些，他讲的是第二个维度。那么我爸爸对我说的是什么呢？他跟我讲的是你喜欢什么，这些可以给你带来当下的快乐，他讲的是第一个维度。我叔叔讲的什么？要胸怀天下，要做大事，要做对社会有益的事，他讲的是第三个维度。而我自己在追求自己的人生价值过程中，除了追求经济收益，也追求为别人分享所获得的精神收益，这是第四个维度。这简直是一个完美的结合。

我感谢我的父辈和爷爷，他们使我在非常年轻的时候就找到自己的原力点，也正是这样，我这么多年的创业，也是比较幸福的。

因此，我们在找原力的时候，要用好这张图。你可以找一个自己能够静下来的时候，或者最痛苦、最左右为难的时候，拿出这张图（参见原力修炼清单），好好思考一番。确定后，在第一个维度中填入自己的观点和追求；然后找中间的部分，一点点地展开，豁然开朗那一刻，就是你找到原力的时候。

找到了原力，就要清晰自己的使命。当然我希望每个人的使命都要具有家国情怀，越是家国情怀的使命，它产生的原力就越大。

原力修炼方法二

关键抉择，与元神对话

原力修炼最有效的方法是“与元神对话”。

每当遇到困难的时候，我都会与元神对话一次，如果原力胜了，它就得到了一次强化。这种方式我认为每个人都可以用。其实“与元神对话”的不止我一个人，很多成功者在关键时刻的抉择都可以称为“与元神对话”。比如说郎平、任正非、马云这些人。他们都是在困难时期经历了一次或多次“与元神对话”，才让自己站在成功者的行列中。在这个过程当中，我形成了这样的金句：越是难以抉择的时候，越是考验原力的时候，也越是强化原力的时候。

所以，原力的修炼，往往体现在困难时刻，体现在面临两难选择的时刻。元神胜一次，原力就强大一次。记住，你要相信自己的原力！

原力修炼方法三

事上修炼，使命变现实

原力最后的修炼一定要回到自己的使命上，通过做具体的事来最终强大自己的原力。我自己后来做的一系列事情，包括共享制、“海阔天空”投资、做青年导师等，都是把原力放在具体事上的修炼。离开了具体的事，原力就成了无源之水，无本之木。

我们再说郎平，2019 年 9 月 29 日，随着中国女排 3 ∶ 0 战胜阿根廷，11 连胜的中国女排再次获得女排世界杯冠军。

获得冠军之后，郎平有两句重要的话，一直震撼着很多人。

第一句是“为国争光是中国女排的使命和义务”。在世界杯开始时，中国女排以 3 ∶ 0 完胜韩国女排。赛后主教练郎平就表示：“只要穿上印有国旗的球衣，就是代表祖国出战，为国争光是我们的义务和使命。每一次比赛我们的目标都是升国旗、奏国歌。”这一句“为国争光是中国女排的使命和义务”，道出了中国女排此次征战的意义。

第二句话是在第 7 轮争夺战后说的，当时中国女排以 3 ∶ 0 完胜美国队。赛后郎平这样说：“我们要求队员有使命感，你的发球直接为你队友拦防创造机会，不能说自己怕失误，就保守，所以每个人都要去冲击对手。”郎平连发球都要求队员要有使命感，所以我说原力一定要回到具体的事上去训练。

原力金句

· 雀跃的灵魂，动力的源泉。

· 原力点燃我精神的灯，让前路不再黑暗。

· 每件事越利他越能成功，想成功就要利他。

· 利他是帆，事业是船。

请反思：你是否有过我这样的困难时刻？你是否找过自己的原力？

洪老师原力修炼清单

清单 1：找到自己的原力清单

<table>
<tr><td>原力思考</td><td colspan="2">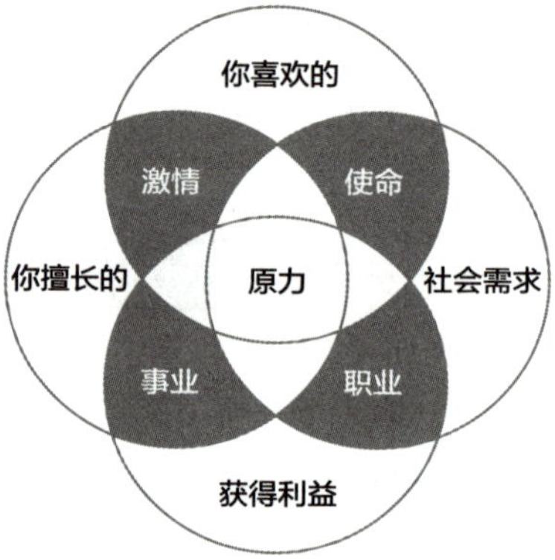
</td></tr>
<tr><td rowspan="4">原力分析</td><td>我喜欢的事</td><td></td></tr>
<tr><td>我擅长的事</td><td></td></tr>
<tr><td>社会需要的事</td><td></td></tr>
<tr><td>希望收益</td><td></td></tr>
<tr><td>原力逻辑</td><td colspan="2">自我价值的实现：
超越自我的利他：</td></tr>
<tr><td>最终原力</td><td colspan="2"></td></tr>
</table>

清单 2：关键抉择——“与元神对话”清单

<table>
<tr><td rowspan="3">抉择事项分析</td><td>原因</td><td></td></tr>
<tr><td>预期结果</td><td></td></tr>
<tr><td>意义和价值</td><td></td></tr>
<tr><td rowspan="2">原力</td><td>自我价值</td><td></td></tr>
<tr><td>超越自我利他</td><td></td></tr>
<tr><td>抉择结果</td><td colspan="2"></td></tr>
</table>

清单 3：原力使命复盘清单

<table>
<tr><td rowspan="3">阶段事项</td><td>事项一结果</td><td></td></tr>
<tr><td>事项二结果</td><td></td></tr>
<tr><td>事项三结果</td><td></td></tr>
<tr><td rowspan="2">原力</td><td>自身使命</td><td></td></tr>
<tr><td>意义和价值</td><td></td></tr>
<tr><td>复盘分析</td><td>事项与使命的偏差与行动</td><td></td></tr>
</table>

第二部分

阳光力

态度

遇见充满阳光的自己

每个创业者都希望团队充满正能量，

即使在悬崖边上也不气馁，

有一股“狭路相逢勇者胜”的精神。

团队领导必须是“太阳”，并把阳光传递给大家。

很多人都看过电视剧《亮剑》，我相信每一个看过的人都会深深地被李云龙独立团呈现出来的团队精神和状态所折服。

每一个创业者都特别希望拥有这样一支团队：永远充满士气，永远充满活力，具有极强的战斗力。“狭路相逢勇者胜”，即使在极端困苦的情况下，李云龙的独立团也能够展现出一种满满的正能量。

如何让我们的团队也展现出这种“群狼”一样的精神状态？我也是经过了一系列事情才明白这些道理的。

非典来敲门
阳光可以融化一切

我在创业初期遇到了很多的麻烦，因为文化的原因、语言的问题，我在沟通上遇到了前所未有的困难，更别说用语言去鼓舞士气了。但 2003 年的非典事件，让我充分认识到正能量对一个团队来说是多么重要。

2003 年 4 月，一场震惊中外的非典在中国爆发，中华民族面临严重的突发性灾难，北京和香港都是重灾区。我记得很清楚，当时北京和香港几乎变成了两座空城。北京火车站里人们拿着大包小包，都在纷纷逃离北京。香港的飞机场也是人员爆满，很多人都在等着坐飞机离开香港。电视上全是非典的报道，好像死神随时都会光临。说实话，每天看到的都是这些触目惊心的新闻，情绪特别不好。

当时我回国创业已经近 10 年了，东北、华北、华南这些地方都是我们生意的主战场。生意本来做得还是比较不错的，但非典的到来，彻底改变了这一切，一切都陷入低谷，生意一落千丈。顾客几乎是断崖式地下降，没有顾客哪来的生意。不到一个月，我们的销售业绩降幅就超过了 80%。如果这样下去，用不了半年，公司就会面临前所未有的困难。

这时，整个团队的气氛降到了冰点，公司里人心惶惶。我坐在办公室里每天都会接到员工离职的报告，很多店都在报告缺人。公司伙伴担心受到传染，都用口罩把自己罩得严严的。从公司到餐厅，从原来的熙熙攘攘到现在的萧条凄凉，大家没有了往日的欢声笑语，气氛变得紧张而压抑。

我的心情并不比公司伙伴好多少。我从小到大也没见过这么严重的流行病，害怕自己被传染。从当时的情况来看，得了非典之后基本上很难治愈，很大可能会丢掉生命。我的母亲和奶奶非常担心我，每天几个电话催我去国外暂避一下，她们觉得生命比生意更重要。

团队管理层的很多人也建议我先把公司关一段时间，等到非典过后再开，否则成本真的耗不起。我的心里也开始打起了退堂鼓，真想一走了之，远离灾区。但是我刚有这么一个念头的时候，马上又想到创业的不容易。那么多公司伙伴与我同甘共苦，一起打拼过来，我可以一走了之，但是他们呢？我知道这个时候歇业无可厚非，但是如果这时关门了，我的员工又将何去何从？他们以后去哪里找工作？我对他们以及社会肩负的责任又从何谈起？

这时，我又面临着一次艰难的抉择。是关门还是继续开下去？

是离开北京去国外避灾，还是坚定信心留在这里，相信我们的国家一定可以战胜灾难？

每次重要危急时刻都会激发我的原力，这次我又跟我的元神做了一次简单的对话。我心里想，这些困难我是完全有信心克服的，只要拿出勇气积极面对，不退缩，不放弃。最后，通过与元神的对话，我的勇气再次战胜了我的懦弱，我选择了不逃避，我要留下来与伙伴们共渡难关。

既然选择了留下来，我就要想办法改变现状，提升团队的士气，让顾客安心。开始的时候我并不知道从哪下手，那天晚上我静坐在家里，心里在想："这时候大家都很害怕，我是这个团队的领导，我首先不能害怕。我要让自己先充满正能量，要用我的能量去感染大家，要教会大家以积极的心态看待事情，并把这个看成是我和大家需要共同修炼的课程，我们要共渡难关……"于是我很快想了很多方法。

想明白这些以后，我做的第一件事就是走出办公室，并把所有的餐厅、工厂、公司都走了一遍。到了那里以后我就把口罩摘下来，与大家一起聊企业、聊家庭，交代好消毒和保护措施，并时刻保持微笑。我的这种微笑是自发内心的，这也是对我们餐厅卫生的一种肯定。

第二件事就是一个地方一个地方地打电话，要求各个公司、工厂，还有店铺，都要制定出非常完善的预防措施，并张贴跟进，让大家感觉到自己是在非常安全的环境里工作的。

第三件事是代表公司与政府积极沟通，建议在这几个月减免税收，鼓励商家坚持下去，让大家携手共渡难关。政府很快采纳了我和其他几个商家的建议，制定了非典时期租金与税收的减免政策。

市里领导还亲自来到餐厅，与我们还有顾客一起用餐。当天新闻播出了此事。这个新闻播出后，对于稳定民众的情绪起到了积极的作用。

此后，大家的心好像一下子就稳定了。员工也不再考虑逃离了，他们告诉离开公司的伙伴，这里现在很安全，防范措施很到位；他们打电话给自己的父母和孩子，告诉他们自己在这里很好；他们决心和大家一起共同努力，携手并肩面对这个暂时的灾难和困难。

全国人民齐心协力，共同抵御非典的蔓延，最终战胜了非典。此时我的生意也开始恢复了。许多医院都希望我们能够给它们送餐，这也奠定了我们外送业务的基础。我们也成了北京市第一批拿到外送业务营业执照为数不多的企业之一。我庆幸当初没有做出那个特别草率离开的决定，否则这个公司就没了，顾客就流失了，我的心血也随之白费了。

非典之后，我又做了一次总结。我做的这些为什么能够渡过这次难关？通过思考我明白了，我做了与元神的对话，原力又一次起到了重要的作用，让我得以顺利坚持下来。

在事件整个过程中，我用积极代替了消极，用乐观代替了悲观，用正向代替了负向，用信任代替了逃避，勇于担当，直面困难，积极作为。我用良心和本能传递给了团队的每一个人、每一个家庭、每一个顾客，由此形成了一个强大的正能量场。

这种力量应该是什么呢？我当时无法解释，直到有一天，我从北京的家中走到室外时，才有了解清晰的认识。北京连续几天的阴雨后，阳光出来了，我想感受一下太阳的照射。当暖暖的阳光洒在我身上时，那种感觉忽然让我有了深刻的启发，这是“阳光力”，这股正能量就叫阳光力。正是阳光力让我走出阴霾，重见蓝天。

阳光力两大内核

正能量和正能量化

什么是阳光力？我给的定义是，阳光力是指自身具有积极、正向、信任、担当的正能量，并能够把这种正能量传递给别人，实现正能量化。

我是如何理解阳光力的？可以从三个方面来讲。

阳光力的核心在于正能量与正能量化

“阳光”来自哪里？它来自太阳，太阳本身有极强的能量，不仅自己能够发光和发热，而且还会向外辐射，滋润更多的星球。我们地球正是因为有了阳光，才得以变得丰富多彩，万物才得以生长。正所谓，万物生长靠太阳。

因此，阳光力中的正能量首先是指个人是个大光源，就像太阳一样，并具有积极、正向、信任、担当的性格和品德。这是阳光力的核心。

而正能量化的核心在于一个“化”字，它实际上是个传递、影响和感化的过程。把这种能量传递给团队及身边的人，像太阳把阳光辐射到宇宙的各个角落一样，让他们能够感受得到，并逐渐具有这样的正能量。

阳光力是内心正能量的外在体现，而非表现得“阳光”

阳光力是从内心深处向外传递出来的正能量，其背后是有强大的原力做支撑的，阳光力与原力结合才是真正的阳光力。

如果不是来自内心，那就是伪正能量，不是阳光力。表面的阳光力往往体现在一些人的“两面性”上，当面一套，背后一套，戴着面具生活。这种伪阳光力会消耗个人能量。

我经常碰到这样一些人，他们表面上给人的感觉是积极的、阳光的。尤其是有的讲师，在台上形象光鲜靓丽、态度积极，还满口的正能量，但一下台就变成了另外一副样子，性格孤僻、自满，对自己的家人特别不好。这种正能量是装出来的正能量，是伪正能量。

创业者身上的阳光力是其能够屡败屡战的重要支撑

创业者是这个社会的稀缺资源，他们身上的阳光力更是难能可贵。这些人在创业的路上会不断跌倒和失败，能够让他们爬起来，并且屡败屡战的，除了原力的深层支持外，阳光力是另外一个非常重要的支撑。

在事业发展过程中，我接触的人很多，尤其是37岁那年参加了世界青年总裁组织（简称YPO）之后，我有了一个庞大的朋友圈，并交了很多的朋友。

作为世界上最大的商界领袖组织，YPO里面的年轻人都是行业里的顶尖人物。这些人身上不存在伪正能量，他们身上具有真正的很强的阳光力，很多人不知经过了多少次的失败才走到今天。

这个组织对我来说非常有意义。给我提供了很多学习的机会，让我能参加一些有意义的活动，还能和世界不同国家、不同文化、不同背景的人交朋友。我在他们的身上学到了很多，让我成长得非常快。他们也正能量化了我。

再后来，我也读了很多国内外名人的书，看了很多影片。我从小到大一直喜欢看宫崎骏的动画片，百看不厌，我能从他的作品里感受到很强的阳光力。

作为日本动画界史上最出色的大师，宫崎骏一直是热爱和平的，他反对战争，呼吁环保，注重人与大自然之间的关系。在我心里，他是一位有良知、有才华的动画大师。

宫崎骏的每一部动画电影，都给人一种暖暖的感觉，就像冬天里的暖阳照在身上。比如我最喜欢的作品《千与千寻》，这部动画电影主要讲千寻在和父母一起搬家的路上，误打误撞进入了神灵的世界，而千寻的父母因为贪吃变成了猪，被关了起来，千寻踏上了拯救父母的旅程。在这个过程中，她经历了很多困难，也遇到了很多奇怪的人。但最终，千寻用自己的努力救出了父母，父母变回了人形，一家人终于团聚。

在整个过程中，主人公千寻身上都充满着特别强的阳光力。她去了魔幻世界以后，受到很多很多不同的打击，但她还能积极向上，勇于担当，克服困难。一开始她哭、她害怕，但后来她整个人都充满了正能量。她用自己的积极、正向、信任的品质，来对待遇到的不同的人，把他们都变成了自己的朋友，并形成了自己的影响力和能量场，最后大家都很愿意帮助她实现最终的目的。

其实，古今中外历史上也不乏阳光力的例子。我还记得在上中学地理课时，老师把沙克尔顿南极冒险故事讲给我们听。沙克尔顿用他的积极、正向、信任、担当的精神，克服一个一个困难把他的团队救了出来，至今我都历历在目。

1914 年初，沙克尔顿招聘人手准备远赴南极探险。

1915年1月18日，他们所乘的“坚毅号”被困冰区，这意味着他们要在南极一条冰封的船上过冬。工作停滞，极夜正慢慢迫近，枯燥、孤独快要把所有人逼疯。

为了打破这个局面，沙克尔顿进行了诸多安排：设立单人观察哨，保证其余船员的充分睡眠；组织狗队进行对抗赛……长达4个月的极夜里，船员们热衷于各种消遣活动，包括打扑克、冰上足球，苦中作乐；船上还举行理发比赛、下象棋比赛，每周还举办几次歌会等。

10月24日，船被块冰撞击受损，他们被迫弃船。沙克尔顿相信，行动是振奋士气的最好方式。几天后，他和船员带着基本的给养，拖着两艘救生船出发了。他们计划走到无冰海域，然后乘船前往保利特岛。半路上，他们遇到了大麻烦，不得不重新扎营，并将其命名为“海洋营”。此时补给不足，怎么办？探险队员只得猎杀海豹和企鹅作为补充。

之后，他们又继续前行。但行军一周后，他们再次被迫停下扎营，这次的营地名为“耐心营”。此时的燃料和食物也越来越少，饥饿和寒冷时时刻刻折磨着每个人。耐心等待，是他们唯一能做的事。

坐以待毙不是沙克尔顿的性格，第二天他就挑选了4名队员，乘着最大的救生船去南乔治亚岛求救。临行前，沙克尔顿秘密写下一张字条，交由一名船员保存，相约20天后如他没能返回救他们时才打开。字条上他写着："我一定会回来营救你们，如果我不能回来，那也尽我所能了。"

历经千辛万苦，沙克尔顿终于抵达了南乔治亚岛。沙克尔顿和两名队员仅靠一根绳索、两把冰镐，在30小时内奇迹般地穿越了42千米就连飞鸟都难以逾越的高山冰川，成功找到了救援站。

4个月后，当他再次出现在当初的地方时，留守队员站在岸边挥动着手臂，像当初送别时一样。那时前途未卜，站在船上的队员仍记得那个场景："留在岛上的人们站在一起，只要他们认为我们还能看得到他们，他们就一直保持着积极热情的样子。"

看完这个故事不知大家有什么感觉，而我每多读一次这个故事都会多一份敬畏和震撼。

在这个故事中，我们可以看到沙克尔顿身上的领导力，可以看到他身上强大的原力，也可以看到团队的执战力（这是执行力的升级版）。但在重重困难之下，他身上体现的阳光力，也是助其渡过难关的重要原因。我们看到了沙克尔顿积极、信任、担当、坚毅和诚信的品格，而且他把这些品格辐射到团队每个人的身上，感染着大家，使大家在极度困难的情况下也能够表现出阳光力，并成功渡过难关。

为什么阳光力会成为“六力理论”中的一力呢？因为原力让我们找到内在的动力，并转化为自己的追求，从自我价值实现到超越自我的利他；执战力让我们找到在资源不足、困难重重情况下依然可以实现战略目标的套路。但在这个过程中，每个团队负责人都要有强大的领导力，这其中阳光力是让团队更团结、更能突破艰难的一种强大力量。也就是说，要想有很强的执战力，阳光力必不可少，它为执战力插上了一双翅膀，让执战力展现得更稳定、更健康。

食品安全事件
积极面对，重赢信任

我很荣幸能够在2003年总结出阳光力的内涵及作用，让我在团队中不断运用；也正是阳光力，让我后来一次又一次地度过了各种危机。其中，2013年的食品安全事件便是阳光力的一次完美应用。

2013年，当时公司的各个业务板块都发展得非常好，可以说顺风顺水，整体销售和利润也远超过预算，这也给了投资者一个特别大的惊喜。不久，我们国内餐饮板块也顺利上市了，提前完成了计划。这比我当初的预测早了一年多，这是非常令人开心的一件事。我也对团队的管理能力充满了信心。

当时感觉是整个形势一片大好，管理合乎规范，业务拓展顺利。于是我就把很多日常的业务下放给职业经理人，由他们去管理相关的事项，尤其是营运细节的事情。我认为，在这种情况下交给团队是没问题的，由他们负责这些事情可以达到预期，因为这些年都没有出现过任何大的事情。

这些事情安排好，我便把主要精力放在了外面。比如做投资和并购，继续做公益事业，经常参加一些社会活动……精力大大分散后，我对公司业务细节的关注度降低了。

直觉告诉我，每当我志得意满的时候，总会有一些意外事件来教训我。

食品安全事件爆发

2013 年 3 月 14 日晚上，我当时正与几个好朋友聊天。第二天就是国际消费者权益日了，朋友们特别紧张，因为他们发展得比较快，觉得当时整体的安全保障可能跟消费者的期望有距离，害怕被曝光。我还开玩笑地说："你们怕什么？我一点都不怕。"我觉得一点问题都没有，特别有信心，甚至有点自满。

3 月 15 日早上 7 点，有一个好朋友打电话告诉我："兄弟，快看看，你的其中一个品牌上报了，好像是你的某一个分店里面发生了安全事件。"

当时我还是没有认识到问题的严重性。我觉得公司伙伴会处理好这件事的，我也没有过于担心，还慢条斯理地吃完了早餐。可刚回到公司，大家就开始汇报这个问题了。我还是没有特别在意，继续去做一些其他的事情。

到了中午，事情开始快速发酵。不止是一份报纸，是所有报纸都在报道我们的事情。这时我才开始慌了，怎么办？这个事情会不会特别严重？整个团队也是忧心忡忡。

当意识到问题真的很严重时，我又开始想逃避现实。可是心里的那个声音大声告诉我："不行，公司如今这么大的规模，公司伙伴这么多，你能逃避吗？"开始我在想："我什么都不做，这个问题会过去的。"

到了下午，越来越多的媒体报道此事，一下子让这个事件演变成一个复合性的重大公关危机，并且牵扯到了新媒体。顾客在我们的网站，还有自媒体上，纷纷发声，质疑我们对质量把控不严。

他们先在留言区里面提出质疑，并继续酝酿爆发。开始只是偶尔疑问，到了后来就变成全面的质疑。我们的店铺生意下滑了40%，而且问题还在持续恶化。这时候团队感受到了前所未有的危机，公司伙伴也不知所措。

我创业近 20 年，从没遇到过这样重大的公关事件，整个人都傻了，不知如何是好。团队也没有更好的建议，只是特别着急，都希望找到一个更好的方法。

受到这么大的压力，我当时的第一个念头，就是咬紧牙关，再挺一挺，什么都不干，这些事总会过去的。就像我当年的三封家书一样，躲几天就能够挺过去。而我的直觉和理智告诉我：“这绝不可能！这样重大的事件，一定要通过干预才能解决。如果我不勇敢站出来面对，公司过五六天可能就垮了。”

此时，我必须咬紧牙关同顾客和媒体去讲这个事件的解决方法，并且与企业的价值观进行连接。合兴是由我曾祖父一手创办的，合兴家族的核心价值观就是“良心品质”。我必须对顾客负责，对公司伙伴负责。把我们的“良心品质”通过公司伙伴传递给顾客，才能够给投资者回报。最终，我决定从顾客、公司伙伴和媒体三个角度入手解决问题。

我召集了团队一起沟通解决。首先，从公司伙伴角度来解决，我们先去了解整个事件的来龙去脉，整个运作过程有没有问题，在管理培训方面有没有问题，并以“这件事情由公司负责”为整体基调解决。

当天下午，我们马上召开员工大会，所有公司的伙伴都来参加，我们开了一个“雷霆行动”宣誓大会。在会上，我们做了几个重要的安排。

首先，我谈了目前的情况，展示了顾客对我们的评价，以及这件事对公司业绩的影响。当时我落泪了，我告诉大家：

“今天我们面临危急关头，这甚至会影响到企业的生死，我相信大家和我一样感到痛心。我们辛辛苦苦 20 多年创建的事业，如果处理不好可能就没有了，每个人可能都要重新寻找自己的工作。我们已经到了生死存亡的关口，但不要害怕，这是成长过程中要交的学费、要过的坎儿，我们要用积极、正向的心态来对待这件事。错了就承认，朝正向的去改。我相信通过改变可以再次赢得顾客的信任；我也相信每一个店长可以迅速整改，以此为鉴，把工作做得更好；我相信各部门都能够快速行动起来，化悲痛为力量，在做好本职工作的同时，传递正能量来支持餐厅做好全面的改进。

“我们要看到有关产品品质、营造的环境、提供的服务的问题是多么重要，细节化的管理我们不能丢，我们要用雷霆行动来迅速改变这一切。我相信大家的态度，也相信大家的能力！”

接着，我们请各个店总经理来谈谈感受，尤其是请出事餐厅的经理来谈感受。很多人也同样落泪了，出事的餐厅经理更是表达了深深歉意，一直对大家说着“对不起”。一个店总经理动情地说：“我在这个公司工作十多年了，餐厅的伙伴就像我的家人一样。我们靠实际行动赢得了顾客的信任，有非常多的顾客都是老顾客，出了这件事，他们都来问我这是真的吗？我不知如何回答，我真的很痛心。我们一定要想办法赢回来。”随着更多的人分享，积极的心态开始产生，大家开始正面看待这个问题。

再次，营运部门负责人站出来说：“虽然公司说要承担这个责任，但我更应该承担，虽然我刚来不久，我可以引咎辞职，但我们团队要有信心先站起来。”

最后，我们制订了非常详细的店面改进计划，我们要重新赢回我们的顾客。全员做了宣誓，大家要齐心协力渡过难关。

这次大会开得很成功。大家本来很害怕，想的是生意丢了40%如何干，会不会丢掉工作，等等。通过这次会议，这些负面的东西一扫而空；通过这次会议，大家统一了思想。我要大家乐观地面对，重新把积极的心态传给每个人。我信任大家，每个人都有自己的担当。

紧接着，我们直接发布公开声明，把应该承担的责任讲出来，承认错误，承认不足，并拿出了整改意见。责任是公司的，欢迎媒体和消费者来监督。

随后，我拜访了媒体公司。我记得非常清楚，我和公关负责人进了一个特别繁闹的办公楼，七拐八拐才到了总编的办公室。总编是一个胡子比较多、头发不多的大汉。我们把整个事件向他做了说明，并请他展示当时餐厅的实际状况。他看后和我说：“对不起，我知道这个事情对企业的伤害是重大的。”他随后谈到了他们潜伏调查的时间节点和方法。

我的公关负责人谈了我们这边的一些观点，指出了媒体的报道跟我们认为的事实有出入。但是，我还是觉得这个事情责任在我方，所以当时我对这个总编说了以下一段话：

“这件事的确给企业造成了重大的伤害，但是我们也会把这件事情作为一个教训，做好自我的管理和反省。同时把这件事情作为我们一个新的起点，做好企业内部的管理工作。我们刚刚开完会，我们会以积极、正向、乐观的态度去做好接下来的工作，会拿出详细的改进措施。不过这个事情最大的责任还是在企业，所以我们必须要做好这个工作。”

我说完这段话，总编握着我的手，很诚恳地说：

“洪总，其实我们报纸每一年在‘3·15’以及其他一些重要的节点，都会安排几十个记者潜伏到餐厅门店里去寻找问题，进行报道。报道后，发生问题的公司老总有一部分会过来直接找我，但一般的解释是他没有错，回避问题，或者找我的领导来压我，你是第一个诚恳地在我面前自我反省，并承诺整改的。我也讲句实在话，这次报道的，只是我们的第一篇文章，我们会根据第一篇报道进行后续的追踪报道，引发新的讨论点。因为媒体有替大众监督企业行为的责任。既然了解到你的企业有了快速的反应和回馈，并且已经及时进行整改了，我们就不再进行后续的追踪报道了。”

但我还是对总编说：“我希望你们可以继续追踪报道，看看我们是否有所改进。”当即，他就派了三名记者去了我的店铺。后续的报道已经是一个较为中性的报道，并在报道中提到了我们的“雷霆行动”和餐厅的现状。

事后，我也惊出了一身冷汗，但也很庆幸自己用正确的方法、用真诚的态度解决了这个问题，否则可能就无法收场了。

接下来，我们进行了全面的管理梳理和整改。我们三管齐下来抓餐厅的细节，改善产品品质，改善服务，改善环境。所有的餐厅经理回去后，都采用运动式的方式，把整个餐厅翻了一遍，看看自己在产品品质上还有哪点做得不够到位，有没有按照标准进行出餐，所有原材料及食品是否严格遵守先进先出的原则，有没有餐厅还有卫生死角，有没有服务怠慢现象……在非常短的时间，我们所有餐厅的精神面貌都有了全新的改变。

我们与出事的餐厅经理和核心团队做了深度的沟通，通过沟通让他们更清楚地认识到自己管理上的错误产生的影响和后果。他们最后表示了深深的忏悔和以此为戒的决心。这件事，我认为责任更在企业，在我。

重赢信任后的思考

整改后的一个月里，我们的餐厅层面有了非常大的改变，进到餐厅的时候明显感觉大家的笑容更多了，服务更好了，环境的细节改善也更到位了。我们同时也邀请了媒体和一部分消费者来我们的餐厅参观，让他们进行监督。就这样，我们逐渐把顾客的信任拉回来了，失去的顾客也逐渐回来了。大约用了两个月的时间，我们度过了这场危机。

这场危机事件让我对阳光力有了更深刻的理解，这其中也体现了执战力，但更重要的是阳光力。它体现在哪些地方呢?

首先，自己要有积极的心态。

当我遇到这个危机的时候，我以什么样的心态去对待，是积极而不是消极，是乐观而不是悲观。乐观是什么？我们相信通过自身的努力可以重新赢回顾客。这是我自身应该有的正能量。我把积极和乐观的状态带到团队里面，希望去影响他们，形成正能量化。

其次，正向对待团队。

出事后，我没有埋怨、没有指责，而是用真诚正向的态度对待这件事情。错就是错，错是因为我们做得不好，改了就好，而且第一时间提出“公司来承担责任”。

再次，传递信任的能量。

在这件事情上，我信任我的高管、信任我的餐厅经理、信任我的员工、信任媒体、信任顾客，也相信他们会传递信任的力量。结果也是这样：对员工的信任，让他们重新充满正能量，他们把正能量通过精心制作的每一碗饭传递给顾客，让顾客切身感受到他们的改变和公司的良心品质；对媒体的信任，让媒体对我们重拾信心；

对顾客的信任，我们的改变让顾客再次感受到家的味道，并重新回到我们的餐厅。

最后，成为团队的主心骨。

出现问题了，我自己要勇于担当，不逃避，在关键时候成为大家的主心骨。当我意识到自己的责任并承担起来时，我的原力变得更强；我也发挥了个人的潜能，成功度过了这次食品安全事件危机。

付军的故事

遇到充满阳光的自己

通过上面两件事，我对阳光力有了非常深的认知和提升。于是我开始在公司提倡、教育大家要有阳光力。其中，我的一个员工付军通过阳光力的改变让我印象深刻，这进一步让我坚信了阳光力产生的作用。

付军在公司里主要负责集团的公共事务。记得她在 10 多年前刚刚加入合兴的时候，皮肤特别不好，又枯又黄。而且她的脾气特别急躁，老黑脸，所以我们都叫她“黑脸神”。跟她沟通当中，我了解到她有一点轻度的抑郁症。公司的伙伴们都很害怕跟她沟通，通常是跟她说完一句话以后，就赶紧走人。但是她在做事和执战力上表现得非常优秀，业务能力很强。

光有好的业务能力，但是整个人不开心，也是不好的。于是我决定帮助她做一个改变，除了让她负责公关事务以外，我还让她同时负责公司在内地的公益工作。一开始她特别不情愿，她是个工作狂，

有阳光力的付军

更愿意把精力放在工作上。后来在我的极力要求下，她才去干。

也许当一个人放下执念时，他的余生就会变得快乐了。

整个事情的转折点就发生在北京的一家孤儿院。当时我们的公益工作主要是针对北京不同的孤儿院，每一年我们都给予它们支持，以便让这里的人过得好一点。

记得有一项研究这样说，一个婴儿如果总是放在床上不被抱的话，不利于大脑的成长，他的智商会有问题。因为如果一个婴儿得不到更多的拥抱，他接受不到爱的感觉，他的思维成长以及整个大脑的成长，就会有特别大的限制。可以说，抱是特别重要的。

但是现在孤儿院的资源都非常有限，没钱，没人，有时候一个人要负责照顾四五十个婴儿，怎么可能抱得过来呢？得不到抱的婴儿，这一生有可能受到很大的影响。他们没有办法跟正常的婴儿一样在同一条起跑线上竞争；他们会内向，缺乏自信、缺乏爱……为此我们通过各种办法尽力来帮助这些孩子，让他们能够得到更多人的关爱。当然这个问题是需要整个社会共同关注的。

记得有一次和付军在推动一些协助孤儿院的项目的时候，我感觉到了她明显的变化。当时她抱起一个小宝宝，小宝宝搂着她的脖子，大声喊了一声“阿姨”，她的眼泪一下子就流下来了。她流着泪跟我说：“原来我做的工作是能影响到小孩子的，能够让他们感到幸福、快乐的。”从这一刻开始，她就完全变了。这件事是她的一个重大的触动点。她感觉到原来这项工作是这么有意义。

从此以后，无论是在工作中还是在生活中，她的笑容渐渐多了，积极起来，也特别正向。她平时也开始注意保养自己，皮肤也变得好起来了，整个人变得更阳光了。她开始逐步正能量化。

当一个人充满了正能量，她的好事也会不断来临。付军之前一直是单身，虽然她特别美丽动人，但是因为脾气差，很多男孩子都离她远远的。可自从她开始负责公益工作以后，她的脾气变得非常好，找到了自己的意中人，很快建立了幸福美满的家庭。

付军的故事，让我再次看到阳光力对一个人的改变。同时这件事也告诉我们，平时要有意识地培训自己的下属和团队，使人人都充满阳光力。

阳光力能否修炼呢？当然可以。我是从一些具体的事上明白了这些道理，在后期的修炼中运用这些道理，相信大家也可以拥有强大的阳光力。

阳光力修炼方法一
先要拥有正能量

阳光力修炼，首先是正能量的自我修炼，因为要想有很好的阳光力，你自己先要有正能量。你需要自带正能量光环，才能用你的阳光力感染更多的人。这里面有几个方法。

寻找正能量的人做朋友

人往往会受到周边环境和人的影响。一个有正能量的人，身边也会积累正能量，这种正能量也会传递给身边的人。首先要找到正能量的人与他做朋友，去感受他身上的正能量，慢慢地让自己也被同化，充满正能量。我悟到这一点是在加入 YPO 后，发现他们每个人身上都充满了正能量，我也受到了很大的影响。

YPO 是一个非营利性的青年首席执行官全球网络组织。会员通过任务共享、接受教育以及思想交流而成为更好的领袖。YPO 成立于 1950 年，如今为来自 130 个国家的青年以及他们的亲朋提供独特的体验、非凡的教育资源、加盟领先机构的机遇；并让他们加入专门的网络平台，支持他们的企业和社区，培养他们的个人领导力。到目前为止，YPO 成员所经营的公司的全球员工人数已超过 15 万人，年收入达 6 万亿美元。

加入 YPO 的 12 年，是我成长最快的 12 年。我同不同国家、不同文化、不同背景、不同专业的人交朋友。在这 12 年当中我结识了很多好朋友，他们基本上都是青年人，每个人身上都充满了正能量，他们不断感染我，也在强化我身上的正能量。

要看一些有正能量的书

我看过这样一本书——《正能量》，作者在书里详细地讲述了如何通过行为的改变让自己拥有正能量。我们平时也要多看一些与正能量有关的积极、乐观、正向、信任的书。通过读这些书，你的观念会潜移默化地发生变化，你的认知也会发生变化。当你的观念和认知发生变化之后，你就会在行为上发生变化，并形成自己的正能量。

列出正能量应具备的行为

你可以按照我们讲的正能量四个方向逐一进行回答。比如说，你的积极行为有哪些？你的担当行为有哪些？你的正向行为有哪些？你的信任行为有哪些？

及时做复盘

每天检视这些行为，做一个小的复盘。你可以在每天晚上拿出10分钟的时间来想一想：今天我的行为是否具有正能量了？有哪些行为不匹配，需要解决的问题？第二天再去针对性地改善，进而不断地改变。

养成激发正能量的习惯

我们要逐渐把激发自己的正能量转化成为一种习惯，这个不用刻意做练习，你自身做好了就拥有了正能量。

通过这五个方面的修炼，自己就会成为一个太阳。只有自己成为一个充满正能量的小太阳，才有机会去感染别人、帮助别人。

阳光力修炼方法二

转化你的负能量

我们的负面情绪大部分来自什么地方呢？一个人的负面情绪常常表现为焦虑和愤怒，它们都是正能量的天敌。这些负面的情绪往往来自挫折或困难，因此我们要有敢于与它交朋友的心态，去积极对待这些困难和挫折。只有把它当作朋友，才能认真地对待它、改善它、转变它。

我在遭遇非典事件、面对各种负面能量时，想的是千方百计地进行转化，不能让它发酵，最后我取得了成功。这一点，《哈利·波特》的作者 J.K. 罗琳也给我们做了一个非常好的榜样。

大家都知道《哈利·波特》好看，但是它的作者 J.K. 罗琳的前半生并不“好看”，甚至是有些悲惨。就是在这样的情况下，她在后半生把自己活成了光源。

很多年前，我参加了一个公益活动，而罗琳恰好是其中的嘉宾。当时的她已经不再年轻，岁月在她的脸上留下了沧桑。可是我仍能透过岁月的痕迹，看到她的目光是清澈的，她的笑容是纯真的。她算不上传统意义上的美女，可她有孩子般的天真。这也让我看到了她的另一种美。

公司里很多小伙伴都是罗琳的粉丝，都是《哈利·波特》的忠实拥趸，他们平时给我讲了很多关于罗琳的故事。我此时才开始真正了解这个当初连房租都交不起、现在却比英国女王还富有的女人。

> 罗琳小时候长得很普通，总是戴一副眼镜，一说话就会有点害羞，但是她的性子却比较野，经常是流着鼻涕四处跑。她从小就喜欢读故事、写故事。她的梦想就是将来成为一名大作家。
>
> 罗琳的童年并不幸福。一直以来，父亲希望能有个男孩，因此她的出生并没有给这个家庭带来多少快乐。好在，她有一个爱她的母亲，但后来母亲因病去世了。她的父亲没有让她见母亲最后一面，这也成了罗琳心里永远的痛。
>
> 母亲去世后，罗琳深深地体会到了失去亲人的痛苦，这也使得她的故事里会出现一些负能量信息。我们从《哈利·波特》中能见到这一端倪，哈利在失去亲人后，一度陷入孤独和怀疑中。这和罗琳的经历是相似的。
>
> 大学毕业后，罗琳嫁给了一个游手好闲的男人。婚后不久，这个男人对她家暴，并将她扔出了家门。

当时女儿只有几个月大，但这次家暴让罗琳认清了这个男人的真面目，她要离开这个家。不久，罗琳便带着女儿住进了一家寒冷的小公寓。失去工作的她，仅能靠政府的救济金来养活自己和女儿。经常是女儿吃饱了，她还饿着肚子。

有一段时间，她疯狂地写作，写自己前半生的遭遇，写自己历经的人生百态。此时的她是极度郁闷的，也是极度颓废的，她觉得自己快要活不下去了。她的生活实在太窘迫了。直到有一天，她看到了镜子中的自己，简直是一个活脱脱的中年大妈，而她当时才只有二十几岁。她不敢相信这是真实的，自己怎么会变成现在的样子。

看着熟睡的孩子，她意识到自己不能再这样下去，她要改变。正是在这段最艰难的日子里，她的第一本《哈利·波特》诞生了。此后的结果是令人震惊的。因为她创造了出版界奇迹，她的作品让全世界为之轰动。这是一个从人生低谷一跃飞向人生巅峰的真实故事。

我为罗琳这种积极的转变而感到敬佩。也许罗琳从来没有失去过对生活的信心，即使她的生活很艰难，但她依然坚信有一天，她会写出一部好作品来。我在读《哈利·波特》时能深刻地感受到，哈利尽管遭遇了各种不公，但他依然愿意去爱和相信。我觉得这也是罗琳本人内心的选择。

功成名就后，罗琳没有忘记自己的过去，她开始积极参加各种慈善活动，为更多有需求的人提供帮助。她知道穷人的生活状态，她经历过，她体验过，她知道自己能有今天，是因为受过很多人的帮助。她将这一切感念于心，并长期资助与儿童教育、弱势群体关怀、青少年成长有关的活动。她还成立了非营利基金会，专项筹款让更多的年轻人有机会和社会保持正常的接触，用文学丰富自己的精神生活。

当一个人身处人生低谷时，假如他的注意力一直都放在现有的负能量环境中，那他只会愈发自怨自艾、难以自拔。如果他能将目光与注意力投射在正能量上，那他就会像罗琳一样，发现人生的崭新意义与机会。

即使在最艰难的时期，罗琳也没有放弃想要写作的念头。正如她所说："我们不需要用魔法来改变世界，我们的内心已拥有所有力量。"罗琳用所拥有的力量把自己活成了光源，把她的阳光力扩散到了世界上每个角落。

阳光力修炼方法三

把自己活成光源

通过第一招和第二招的修炼，你就已经具备了强大的正能量，这些正能量就是光。把自己活成光源，就是照亮别人，也是正能量化的过程。

光源最主要的特点是什么？我记得有一首诗叫“春蚕到死丝方尽，蜡炬成灰泪始干”，这其实就是隐喻“燃烧自己照亮别人”。

阳光力的能量是无穷的，它的光芒能融化万物，传递深远，不仅能点燃自己，还能更好地点亮他人，就像罗琳、付军这些人一样。我们每个人都要活成光源。

我们要把自己活成光源，可以做如下安排：

一是用爱去帮助别人。去帮助谁呢？先从你身边的人入手，如你的家人、你的朋友、你的团队，去给他们由衷的爱，让他们感受到你的爱。

二是赋能给团队。不是挑团队的毛病，更多的是根据团队自身的情况进行赋能，让团队自我成长和发展。

三是成功地点燃别人的原力，让他们能够找到自己的使命，并不断为之奋斗。

阳光力金句

- **把自己活成光源。**
- **如果自己是“太阳”，就不要担心周边无阳光。**

请反思：你是否有阳光力？

____

____

____

____

洪老师阳光力修炼清单

清单 1：正能量行为清单

正能量	应有的行为	本人需要改进的地方
积极		
担当		
正向		
信任		
其他		

清单 2：正能量修炼方法清单

修炼类别	具体内容
与有正能量的人交朋友	
读正能量的书	
明确正能量行为	
每日盘点	
成为习惯	

第三部分

学习力

能力

学习是一场快乐的修行

拥有学习力的人，

能快速改变思想，适应环境；

没有学习力的人，

无法跟上时代的步伐 ，终将遭到淘汰。

这个世界是变化的，这个时代是变化的，竞争会变得越来越激烈。为了应对这种变化，只有自我改变，而自我改变的唯一路径就是学习。

有的人可能会觉得学习是一件枯燥的事儿，不好玩儿。但是学习这种辛苦只是一时的，不学习的痛苦则是一世的！人生在世，不管主动学习也好，被动学习也罢，既然痛苦地学是学，快乐地学也是学，我们为何不尝试让自己无限接近于后者，让学习不那么痛苦呢？

有没有方法，让自己学习的乐趣值提升、痛苦值减弱呢？我的学习旅程会给大家一个明确的答案。

美国求学之路
学习是一场修行

最初我也认为学习是一件很枯燥的事儿。为了能够更好地学习，我逼迫自己走向悬崖，只有把自己逼上绝境，才能走出舒适区，克服惶恐区，进入学习区。我在美国求学时便深深地体会到了这一点。

回想自己当年在美国求学的经历，难忘的场景、刻骨的画面，就像发生在昨天一样，至今历历在目，令我终生难忘。这段学习经历，对于开启我今后的崭新人生起到了关键作用。

美国求学之路

1984 年，我刚刚 14 岁，便只身离开香港，带着美好的憧憬和强烈的好奇心，奔向大洋彼岸的美国，开始了我的漫漫学习路。初到美国，我觉得一切都挺好，没人管我，也没人批评我。再加上，加州学校一带的空气特别好，环境也不错，我还能享受单间生活，简直

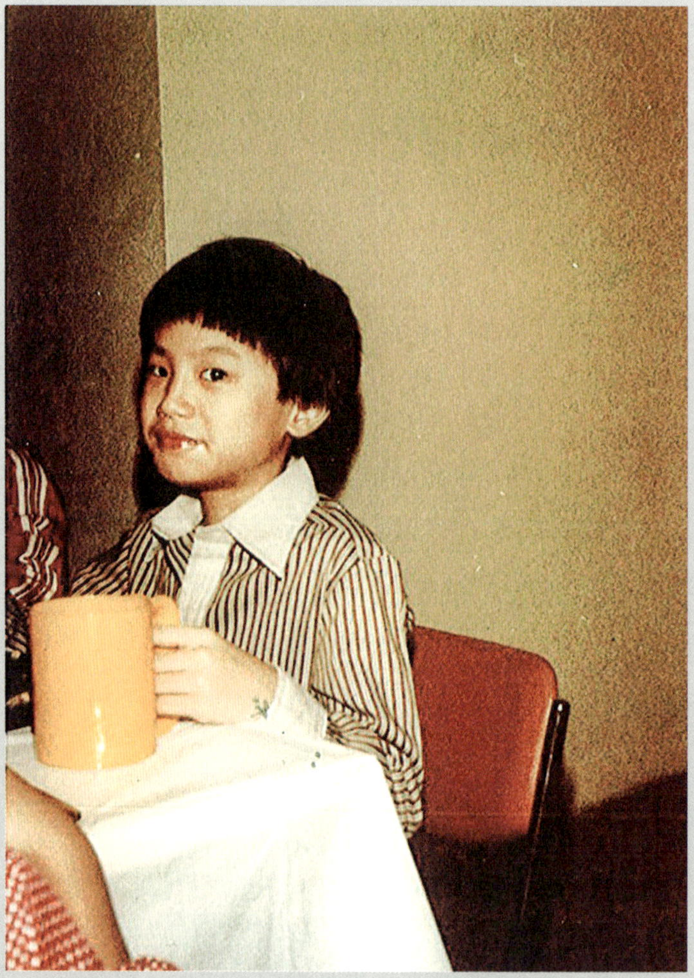

去美国前，在家年幼时

是再好不过了。这一切都让我觉得特别舒适。

我从家乡到美国，与其说是离开家乡去异地求学，倒不如说是想逃离家庭对我的束缚与管教。我对家乡更多的是不开心的回忆，几乎没有什么好的记忆。长辈对我的管教十分严厉，他们监督我早起、做功课，不让我看电视和打游戏。我以为去了美国以后，就可以赖床睡到自然醒，就可以随心所欲地打游戏，就可以放纵自己吃各种美食。

可能每个人都有这样一个特性，那就是对于儿时不愉快的经历总会记忆犹新。当时家里几个堂妹对我总是摆出一副高高在上的样子，而且因为她们都长得比我高，每次拍照时我还要踮起脚才行。10 岁以后，甚至有的妹妹不再叫我哥哥了，她们会直呼我的名字要我过去拍照，这让我的心里非常不爽。去了美国，我就能完全远离她们，不用经常见到她们了。

我想在异国他乡放飞自我，躲避掉所有的问题，做自己想做的事，过自己想过的生活。再加上，我自幼身体就不好，呼吸道总是不舒服，也想换个空气新鲜的环境生活。这些因素加快了我去美国的行程。

刚踏上美国的土地时，那种夹杂着一丝虚荣心的新鲜感是非常强烈的，我的内心甚至在呐喊着“我终于自由了，我的生活我做主啦”。我当时觉得终于摆脱了家人的管教和约束。

此时，放纵自己成了我最好的庆祝。在那段时间里，我几乎每天都沉浸在各种消遣中。其中最让我着迷的是打电玩，我会每天晚上都拿出大把大把的时间用在钻研游戏攻略、通关秘籍上，有时候抱着游戏机就睡着了；醒来的时候，则继续修炼自己的人物经验值，提升装备、升级打怪。在虚幻的世界中，我获得了各种成就感、满足感和刺激的快感。后来，我慢慢发现现实世界的生活，与我想的有巨大反差，根本不像我想象的那样美好。

开学的第一堂课，就给了我当头一棒，瞬间让我从虚幻中清醒过来。当时是 9 月份，我清楚地记得，第一堂课是语文课。美国老师全程用英语教学和互动，我大部分都听不懂。尽管以前的学校也是英语授课，但这两者的差异是十分明显的。

语文课全程，我时而呆若木鸡，时而尴尬地左顾右盼，努力想听清楚老师和同学讲的内容，那种无奈与不适，实在一言难尽。更打击我的是课堂结尾留的作业：每人都写一篇自己的“今年人生规划”，要求用 5000 个单词，一天的时间完成。本来已经糟糕的心情，瞬间更是跌入谷底。我在家乡读书时，老师每周要求用 250 个单词写一篇周记即可；反观这次作业的挑战，字数陡增了 20 多倍，这令我崩溃不已。那天晚上我写了一个通宵，直到第二天早上也没有完成作业。但这仅仅是一个开始，更难过的还在后面。

各种课程相继开课了，但由于语言不达标，很多课程我根本就听不懂，导致我最后难以完成学业。除了数学以外，化学、哲学等很多科目的成绩，我都是不及格的。那种挫败感，不禁让我仰天长叹：“怎么办？”

文化课已经让我扎心，体育课也来添乱。我自小身体素质就不太好，在学校的篮球队中体格是最弱小的。有一次，体育老师安排我打篮球赛的初赛。我运球刚过半场，对方球员就四面八方向我扑来做防守，我太急于得分，于是加速向篮下突破。结果，一个不留神就摔倒了。我火速被教练撤换下场，被按到了替补席上。周围的同学纷纷向我投来鄙视的目光。

因为我的个子比较矮小，身体也不好，而那些外国同学都比较高大威猛，一开始的时候总会受到他们的欺负。我记得参加新生营的一个晚上，发生了一件令人恐怖的事，一直令我记忆犹新。

当时是凌晨一点钟，我宿舍的门突然被砸得哐哐响。不一会儿，门被撞开了，冲进来很多穿着黑衣服、头戴面罩的人。这些人二话不说，就把我从床上直接拖走。

我当时害怕极了，第一个念头是是不是恐怖分子把我劫持了，但好像又不是。因为和我同样的一年级新生全都被带了出来，集中在学校的大礼堂中。这时黑衣人中的一个头领模样的人发话了，大致意思是说，他是四年级的学生，今天欢迎我们的加入，给我们准备了一个特殊的欢迎仪式。他还说，要先把这里的规矩跟我们讲清楚。就这样，这个四年级头领讲了我们学校的渊源，尤其是历来推崇的尚武精神。

黑衣头领讲完后，立刻要求我们每人先做 50 个仰卧起坐。我原来没怎么运动过，体能本身就很差，完全做不好，所以我是剩下来成绩最差的 10 人中的一个。那伙黑衣人又把我们 10 个人留下来，围在一块，绕着我们走了两圈，并告诉我们有麻烦了！边说边驱赶我们来到操场，又命令我们再去跑步，并规定跑得最慢的三个人将受到更严厉的处罚。可想而知，凌晨 3 点钟，在大操场跑步，又黑又累，还要承受着各种惊吓，我们哪里跑得动。但是看着黑衣人手里拿着明晃晃的长刀跟在后面，我们哪敢停下来。

经过我不懈的努力，最后我成功地成为跑步最慢三人中的一个。这下子好了，黑衣人一拥而上，把我们三人的眼睛全部蒙住，连推带搡把我们带到了学校的一处小树林里。当我眼睛上的蒙布被打开时，我的面前出现了一个大大的深坑。我当时就蒙了，难道他们要活埋我们吗？果然，黑衣人一下子把我们推进坑中，并往我们身上不断地填充沙土，最后埋住了我们的半个身子。我们三个倒霉蛋当时崩溃了，感受到了有生以来从未有过的恐惧。但毕竟这是学校，他们肯定不会让我们死掉的。等到这帮家伙扬长而去后，我们几人好半天才挣扎着爬出来。

这种事情可能是学校里的特殊文化，第二天并没有人理会这件事。我们虽然受的惊吓不小，但还要继续去上课。我终于熬到了放学，本想用美食安慰下自己受伤的心时，却发现，学校和住所周边竟然没有可口的饭菜。美国街头被各种快餐充斥着，我完全不适应这里的饮食习惯……

由混到爱——改变，从落实行动开始

学业遇阻，屡被欺负，生活不顺，短时间内各种问题扑面而来，让我完全受不了。于是，我打退堂鼓了，真的动了“放弃的念头”。心想，毕竟还有退路，实在混不下去，还可以回家。

可一个人独处的时候，我又想了很多。来美国这段短暂的时间里，生活的意义和快乐是什么呢？我自己有什么长进吗？首先，我了解到原来美国没有我想象的那么美好，这是个并不安全的国家。其次，如果我不能够好好地适应美国的生活，我肯定还要回到另外一个我不想面对的家。可是留在美国，跟朋友、同学的沟通也不习惯，还受人欺负，学习成绩糟糕，我要怎么办？

在这种进退两难的情况下，我的脑袋里涌现出无数个疑问来：

> 我难道就这样服输，狼狈地回到家乡吗？家人和朋友该怎样看我？这样回家，我如何有颜面立足于家族？
>
> 我要不要继续留在美国，最后拼一次？如果我竭尽全力去做，自己起码青春无悔。
>
> 如果我选择再给自己一次机会，再坚持一下生存下来，我要怎么办？我能怎么办？
>
> 如果我立足成功后，怎样让自己发展得更好、成长得更棒，让自己光鲜体面地回家？

想到这些，我的内心突然有一种无畏的精神油然而生，一股强大的力量支撑我满血复活了。这个信条就是：“我不服，我一定行。不混出个模样，不回家！”也许那个时候，我的原力就已经在内心开始涌动了。

我打定主意，开始梳理和思考接下来的安排，分步骤落实我的行动，去改变命运。

首先，我全面收拾了一下自己的心情，从改变生活习惯做起。我不再沉迷于打游戏，与“虚度光阴、荒废学业”正式断交，让自己的心态保持开放和阳光；面对问题不再逃避，而是积极想办法解决，坚信“方法总比问题多”。

其次，英语不好，我就去请老师补习功课。我记得很清楚，我的语文课老师是一位风度翩翩、很有涵养的学者，我们都称他Mr. Mac Millan。他很耐心地聆听了我的困惑和挑战，并且开始帮我补习英语，教了我很多学习方法。比如说，他要我看莎士比亚的文章，第一是要看内容，第二是要看结构和语法，第三是要看作者阐述的价值观，这样每多看一遍都会有不同感觉，都会有新的发现。在Mac Millan的辅导下，我的英语水平进步神速。

再次，我广交朋友，结识能者。我和班里成绩名列前茅的优等生做朋友，向他们请教功课。比如说，我跟班里一位名叫Lionel Yang的高手学习写作，我的语言就有了突飞猛进的改善，甚至一些当地俚语、俗语，我都能信手拈来、娴熟运用。我还邀请了一个名叫BG

Whitlock 的同学帮我复习历史课。这些人都是我精心挑选的，都是班里特别厉害的角色。两三个月以后，我的各科成绩慢慢追了上来。

我的朋友圈也越来越广了，我的学习及生活面貌也悄然有了巨变。可能有人会问，一开始他们是如何愿意和我做朋友并帮我补习功课的。我的秘籍就是，和我在一起，他们能享用无限量的比萨饼。因为我经常购买包括比萨饼在内的各式美食款待他们，后来班里流传这样一句话："肚子饥，找明基。"这种小恩小惠式的小聪明虽然拿不上什么大台面，但成了我获得大量知识的捷径。

再后来，我开始注重锻炼身体，增强体魄。学习之余，我会走进健身房练习器械，增强体能。我还参加了学校的摔跤队，练习搏斗技巧和对抗性。参加第一场比赛我特别害怕，后来觉得越害怕就越要去克服。日积月累，我的体质明显好转，这让我抵御了很多疾病，同时自己的精神面貌完全变了样，变得更加自信了。健壮的身体，让我充满自信和能量，即便遇到比我高大的同学，我也会投递过去坚毅的眼神，直视对方的双眼，用气场和势能征服对方。

读书自学，也成为我学习生活不可或缺的重要部分。我开始留意有价值的图书，不放过任何一个可以从图书获取养分的机会。

我每周还会做自我复盘，总结和回顾过去一周的得失及教训：我哪里进步了，哪里还有短板，哪里做得还不到位，但仍有改进的空间，我下一周、下个月如何做，等等。这些总结和反思，帮助我吸取经验教训，帮助我快速腾飞。

摄于我在美国中学宿舍

学习法则：我的学习套路

当一个人面对各种不适，面对威胁到生存的困难的时候，就会想办法去解决。学习力，就是让你在一个多变的环境当中，能适应、能生存，甚至能更好地自我发展及成长。这是你的力量。

上述这番美国求学路，让我在突破语言关、完成学业、融合当地文化、适应饮食习惯等方方面面发生了翻天覆地的变化。同时，我还有了更多的感悟——

这里，我总结出了一套学习法则，可以用五个词来表示，即无畏精神（Butchness），效率（Efficiency），自控力（Mastermind），价值观的坚持（Establishment of Principles），对大势的敏锐观察（Awareness of Trends）。

法则 1. 无畏精神（Butchness）

越害怕畏惧，畏惧越会欺负你，我们要学会和畏惧做朋友，尝试了解畏惧背后的原因。

刚到美国时，我的个子比较矮小，人也比较害羞。有一次去食堂吃午饭，几个高年级的同学凶巴巴地盯着我，我感觉自己浑身发抖，非常害怕，赶紧就跑走了。后来每次见到他们，我都会不自觉地后退，很怕他们来欺负我。

我觉得如果一直这样下去，肯定是不行的。我开始静下心来分析自己害怕的原因，主要在于信心不足，总觉得自己个子小，害怕人高马大的他们欺负我。我又开始反思，其实个子大又怎么样呢？他们就一定很能打架吗？另外，我也可以变得强壮啊！就这样反复鼓励着自己，慢慢地我觉得这并不能成为自己畏惧他们的理由。

有一天，这几个高年级同学又故意来挑衅，他们凶巴巴地盯着我。这次我并没有畏缩，我挺直了腰板，愤怒地回盯他们。我决心盯到他们害怕为止，大不了就打上一架！意外的是，这次他们并没有过来找碴打架，他们好像感受到了我愤怒的眼神，竟然纷纷散开了！在那之后，他们再也没有挑衅过我！

这次“眼神的较量”让我了解到，内心畏惧的时候，我们一定要去寻找畏惧的原因，再去有针对性地解决问题。

面对畏惧通常有这三种处理方法：

1. 逃避问题。这只可能是一时之计，问题总还是要面对。

2. 应对问题。被动应对问题，没有追根溯源，问题还会再来，并不能彻底解决。

3. 与“畏惧”做朋友。我觉得这才是解决问题一劳永逸的方法。通过了解畏惧的原因，去分析问题、解决问题，才能培养出自己勇敢进取的精神，我把它叫作无畏精神（Butchness）！正是从那时培养起的无畏精神，伴随我走过了这 20 多年的创业历程，支持我克服各种困难，迎接各种挑战！

法则 2. 效率（Efficiency）

我学习的起跑线不如别人，基础比较薄弱，英语不熟，身体也不好，这就要求我必须巧妙地学习和用高效的方法迎头赶上。这需要考虑短时间产出的最大化，这就是学习效率。

法则 3. 自控力（Mastermind）

我上学时总想着打游戏机和贪玩儿，年纪大一点儿时就想着去交往漂亮的女孩子。但后来转念一想，如果一个人什么都想要，是没有办法成大事的。后来我早早地设计出了自己的生活计划手册，并用超强的自律来修炼自己。

法则 4. 价值观的坚持（Establishment of Principles）

所谓价值观，就是对你而言，相比较之下最重要的是什么，你最看重的、崇尚的、对你价值最大的是什么，你能否为此坚持而不为各种干扰所动摇。至少在美国的求学之路上，我的内心告诉我，没有什么比生存、成长更重要。一切干扰因素都要为此让路。

法则 5. 对大势的敏锐观察（Awareness of Trends）

基于美国文化对我的冲击，我在思考问题时会从多个角度看世界。我积极地和各国各界的朋友、同学交往，以便了解多元的世界。

以上这些内容对于年少的我来说，是启蒙的关键。从那时起，我也养成了用这五个法则去规划我的工作和成长，以及事后复盘的习惯。

在规划工作的时候，我会提前预估这项工作可能遇到的困难，会反思：我有没有足够的无畏精神去克服；是否会以最高效率去完成；通过什么样的价值观进行工作计划；有哪些相关的趋势要提前调研好，什么趋势会影响我工作计划的完成，我应该怎么把握这些趋势。

之后我再用这五个法则进行复盘。在完成我的年度成长计划或是完成成长计划中的某项工作的时候，我会反思：在遇到问题的时候，我有没有勇敢面对；在规划实施的时候，有没有以最高的效率完成；外部有很多不同的诱惑、信息会影响我的注意力，自己有没有三心二意；有没有按照我的价值观完成，以及我原来判断的大趋势对不对。

学习力
是你连接世界的利器

什么是学习力？我认为，学习力归根结底就是适应变化的能力。

学习对我们的意义和价值到底是什么？抛开乐趣不谈，如果不搞清楚学习的意义，学习行为又如何持之以恒呢？有人曾说过这样一句话："最好的老师是生活，最好的课堂是实践。向自然学习，向社会学习，向他人学习，一切都是我们的老师。"

所以，学习对人生的意义、影响有很多，我特别总结了对学习力的三层理解：

首先，世界是变化的，时代是变化的，竞争正在持续加剧。为了应对变化，自我改变，唯有学习！

我在美国学习时发现，美国和中国的教育是截然不同的。环境变了、要求高了，我需要立足、需要生存，倒逼我必须有所改变才行，于是我才有了后面的蜕变。再想想我们国家从 1978 年实施改革开放以来的变化，仅用几十年就完成了西方发达国家 100 年走完的路。这个成就背后，是全体中国人民努力学习、奋力改变的结果。时代在变，周围在变，相比之下我们个人如果不学习、不改变，在当今时代的映衬下，就是一种倒退。今天你可以不学习，明天就得加倍补课。因为出来混，迟早是要还的。

从 20 世纪 90 年代初创业至今，我走过了从 0 到 1 的过程，深知学习与改变对我们产生的深刻意义。当前我的公司正处于转型变革期，时期很特殊，需要我们做出改变及学习的压力也是空前的。只有学习，才能跟上这个多变的、不确定的、复杂且模糊的时代。

今日营商环境日趋复杂，顾客喜好可能随时发生变化，竞品迭代速度加快，消费降级苗头开始显现，故此我们很难再有对标及可循的规律。今天你推出的新品，明天就有可能过时，后天竞品就会有 2.0 版的杀招儿。我们应当以怎样的姿态迎接这些挑战？这就取决于我们的学习力，唯有快速学习才会有后来居上、反超对手的可能。

认知的升级，是不可能脱离学习的。我们学习的速度、转化效率、践行质量，都会深受学习力的影响。应对竞争需要，最好的办法唯有快速学习，跟上时代步伐。

其次，逼迫自己、逼迫团队走向悬崖。只有把自己逼上绝境，才能走出舒适区，克服惶恐区，步入学习区！

有一个老猎人，在山上打猎时，捡到一只受伤的、刚孵化没几天的小鹰，并带回家饲养。过了大半年，小鹰长大了，成了成年的雄鹰。有一次老猎人带着鹰来到空地上练习飞翔，但它就是不肯张开翅膀。哪怕把它放在墙头上往下驱赶，它也不飞。后来，老猎人把鹰带到很高的悬崖边，一脚把它踢了下去。神奇的一幕发生了，鹰在半空中做垂死挣扎，奋力扇动翅膀。眼看快摔到山涧谷底时，它终于成功地飞了起来，越飞越高，也越飞越远。

有时候我们不逼迫自己一回，都不知道自己会有多厉害！我强逼自己戒掉游戏瘾，强迫自己坚持学习和锻炼，因为我没有退路可选。

为了让公司团队成员快速成长，我会硬逼着他们学习。我有时候更会像老猎人一样，推他们到“悬崖边上”，否则没有压力、没有动力，就会安于现状、躺在舒适区吃老本。人一旦不思进取，没有居安思危的意识，大麻烦就离自己不远了。

工作过程中，我也会强迫自己练就发现问题的敏锐度、结构化分析问题的能力，会刻意练习自省，养成习惯，培养自律，以便换来更广阔、更舒适的成长空间。

最后，学习的道路上不可能一帆风顺，过程必定辛苦。可一旦发现学习的意义，学习将不再痛苦。

学习是辛苦但不是痛苦，甚至能给我带来诸多快乐。在我看来，学习更是挖掘快乐的过程。读书带来品味智慧的快乐，与人交流带给我感受事件细节的价值，听课给我带来弦外之音的灵感，实践让我感受体验的快感。当你把注意力和焦点都放在学习中，自问“还能带给我哪些增值回报”的时候，你就会拨云见日，就会有新发现，这怎能不让人快乐呢？正如孔子所说：“学而时习之，不亦说乎？”能够经常学习，并在适当的时候实践学过的道理，这是多么快乐的事情啊！

很多人觉得学习很枯燥、很无聊，但是如果我们带着兴趣和动力学习，就能体验其中的乐趣。尤其当你拥有学习目标时，譬如希望5分钟学会两项拍摄技术，20分钟学会制作一道美食，1小时学会一种泳姿，那么全程你都会觉得任何付出都是有乐趣的，哪怕遇到挑战，你也会不达目的，誓不罢休。这其中，可能会有辛苦，但你不会感觉痛苦。只要我们找到学习的快乐点，任何学习都将变得有趣。

老子说：“为学者日益。”“为学”就是治学、学习，学习前人所积累的经验和学识。“为学者日益”，就是说我们每天都要有所提高、有所收获、有所增益。这是我们学习的目的。

我对学习的理解是这样的，世界是变化和竞争的，为了适应这种变化和竞争，只有学习。这在现在互联网裂变的环境中尤其重要。在这样一个裂变的环境当中，如果不能时时刻刻了解环境变化、不能够通过学习保证生存，是万万不行的。

学习力的两个翅膀
学习意愿和学习能力

很多小伙伴常问我："洪总，我们为什么学习？"我的回答只有四个字——"为了改变"。

一个人不愿意学习，说明他不愿意改变。而一个不愿改变的人，相当于他 20 岁就已经死了，只是等到 80 岁才入土而已。我如果不做出改变，没有激发学习力，恐怕早就回家了，也不会有今天的商业成就，更不会写这本书。

一个不具备学习力的人，他身上更多的是一种对命运安排的听之任之，更容易向生活做出妥协，更容易被周遭发生的一切所影响。试问，这样的人又如何会拥有阳光力、幸福力、执战力和格局力呢?

反之，一个勤奋好学的人，身上总是充满阳光和斗志，不会轻易向命运低头与屈服，总是会想方设法改变现状、改变自己并影响他人。一个人是否爱学习、会学习，主要看他的学习动力、学习毅力，以及把知识资源转化为知识资本的能力到底怎么样。如果这三者都体现了出来，我们就说此人具有优良的学习力。

有的小伙伴肯定要问，既然学习力这样厉害，它都包含哪些内容？由哪些要素构成呢？构成学习力最重要的两个要素，分别是学习意愿和学习能力。这是学习力的两个翅膀，有了这两个翅膀，腾飞指日可待。

学习意愿——想不想学、愿不愿学

学习意愿是指一个人“想不想学、愿不愿学”，即学习动力及动机的强弱程度。学习意愿，在很大程度上决定了学习者在学习活动中的参与度及学习的能力。所以，学习意愿是学习成功与否的重要因素。

既然学习意愿如此重要，我们就来扒一扒学习意愿背后的两个神秘推手。它们常伴随个人的学习与成长，其中一个叫外因，另一个叫内因，都是学习的刺激因素。

学习的内因就是对某事表现出来的兴趣

内因，对一个人从被动学习到主动学习起决定性作用。如果学习意愿很低，学习几乎不会发生；而如果学习意愿很高，即使学习条件有所欠缺，学习依然会发生。

我刚到美国求学时，最初的动机是逃离家里的束缚，放飞自我。因而我的学习内因是很弱的，学习动力也不强，也就没发生学习行为。俗话说，兴趣是最好的老师。如果你认识到学习的价值和重要性，就会有学习欲望。当一个人真正从内心接受学习时，正所谓无师也能自通，行为也将发生改变。

下表，是将学习意愿划分成三个层级，以及其所对应的行为表现。

阶段	学习意愿	学习表现	行为变化
初级	几乎无兴趣 不愿意学习	学习被动且考后全忘记	旧有行为无任何改变
中级	对学习有部分兴趣 发现一些学习价值	能参与到学习活动中 且能攻克疑难点问题	部分行为改变
高级	认识到学习的深层意义 对“改进”有自我承诺	自动自发学习 监督自己进步 学以致用、真正“习得”	行为改变

真正有学习欲望的人，一定是主动学习的人。

孔子说：“生而知之者，上也；学而知之者，次也；困而学之，又其次也；困而不学，民斯为下矣。”就是说，最上等的人，是生而知之的，这是天才；差一点的，是学而知之，是主动学习的人；再差一点的，是遇到困难才学习，这是被动学习的人；困而不学，是不肯学习也不会学习的人，这是最差的人。

孔子天生就是天才吗？孔子这样说：“吾非生而知之者，好古，敏以求之者也。”孔子并不认为自己是“生而知之”的天才，自己不过是敏而好学的学习者罢了。在我看来，能够主动学习的人，肯定是聪明人。孔子就是这样一位主动学习的智者。

学习的外因大多是受外界逼迫

刺激一个人学习动力的外在因素有很多种，或是来自朋友、家人、同事的要求和鼓励，或是来自经济、社会、文化层面的刺激，都会在一刹那间触动他的小心脏，从而激发他主动学习的热情。

我认为，除了兴趣是最好的老师以外，逼迫才是学习背后的“那只老虎”。在美国当我意识到，如果不努力改变现状、不去学习，就无法在当地生存时，我才开始倒逼自己学习，才有了后面玩命奋斗的经历。

不可否认，我们每个人都有一定的惰性，在受到外界较大的压力时候，会因刺激被动学习。通常在以下三种情况下，我们大多是不去（主动）学习的。

不急需的	不学
不考核的	不学
不要求改变的	不学

所以说，学习这件事，是内因、外因相互作用的结果，二者需要同时具备。外因是刺激条件，内因是决定因素。在外因的刺激下，内因才会发生作用。

我自己就是其中的一个代表。在美国生存现实的逼迫下，我才产生学习的动力。对于任何人来说，靠自身内在努力学习才可以取得优秀成绩，这当然是决定性的。假设自己不努力，再好的外在教学条件和学习环境都无法提高学习成绩。

对于学习和学习力，我们逐渐知其然，知其所以然。在内因、外因的共同加持下，学习的行为开始发生。

学习能力——会不会学、能不能学

学习能力是指一个人“会不会学、能不能学”，即其学习效率层面。学习能力是可以通过后天努力补足和培养的，譬如，通过掌握读书技巧、自学的方法、归纳总结技巧，以及学以致用、善于复盘和自省。

以上内容向我们传递了一个重要信息，如果没有学习意愿，那么学习成果几乎是零。我在网上浏览过这样一个帖子，写得很好，这里与大家一同分享。

> 一个人的学习力，不仅包含知识总量，即个人学习内容的宽广程度、知识厚度、专业深度；也包含知识质量，即学习者的综合素质、学习效率和学习品质；还包含学习流量，即学习的速度及吸纳和扩充知识的能力；更重要的是看知识增量，即学习成果的创新程度以及学习者把知识转化为价值的程度。

新商业模式下的不断探索

有人说，这是最好的时代，也是最坏的时代，而我要说的是，这是一个竞争不断的时代。在 20 世纪 60 年代，那些被《财富》杂志封为世界 500 强的企业，都是这个世界上竞争力最强的头牌。然而到了 20 世纪末，很多知名企业都纷纷摘下了牌子。

这说明了什么？这反映了新科技和新经济迅速淘汰传统产业的大趋势，但同时也反映出那些大企业虽然名头很大，但由于后期不注重学习，没有掌握学习力，进而跟不上时代的节拍，自然是被长江后浪拍在了沙滩上。

实践证明，那些掌握学习力的企业，都会在原有的基础上重焕活力，再铸辉煌。美国的微软是这样，中国的华为也是如此，而我自己的企业更是在学习力上受益匪浅。这里我要讲两个学习力助力我成长的案例。

学业有成的我

学习力开启我的创业征程

在以优异成绩完成全部学业以后，我即将开启职业发展的征程。摆在我面前的选择有很多，其中一个非常诱人的机会是留在美国，去投行做金融投资。

要知道，当时能在美国投行工作，做金融投资，是多少人梦寐以求的机会——住着高档房子，开着名牌轿车，出入明亮整洁的写字楼，俨然一副成功人士的样子。我的内心真实声音是，原力让我看淡这些，这也不是我的追求。

1990 年圣诞节，我去加拿大温哥华探望我的五叔。五叔对我说："未来中国会发生重大的变化，你一定要好好把握住机会。明基，你如果能扎根中国，发展你的事业，未来一定会很成功。"五叔的一席话，给了我很深的触动。五叔的那封家书也同样强调了这一点。五叔的话为我回国发展埋下了种子。再加上我始终对家乡建设怀有一种热情，最终促使我回国发展。

我回到家里，把自己的想法和长辈们做了充分沟通，描绘了内地的现状、时局政策、未来广阔无限的商机，长辈们十分肯定和鼓励我的想法。于是，我携带家族为我筹集的为数不多的启动资金，在没有任何背景的情况下，满怀信心、激动、大胆地奔向了祖国内地。

1993 年，我正式回国寻找机会。我研究过大型玩具城、餐饮行业、房地产开发。万事开头难，我遭遇了很多意想不到的困难和打

与爷爷奶奶拍摄于中欧国际工商学院 EMBA 毕业典礼

刚创业时的 DQ 店

击，深深地感受到创业的异常艰辛。比如说，我对周围商圈的变化并不熟悉，在旧城改造的情况下我的店面不得不关门，损失很大；我们做零售和出租业务的合资公司，因为跟国有企业有不同的意见，造成经营困难；对顾客的消费力也了解不足，定价过高；等等。受这些问题的影响，我们先后关了很多店面。

各种闭店、调店，我还能调整心态从头再来，而语言关、文化关、气候关却让我苦恼不已。

刚来到内地，我的语言不通，中文水平连六年级的小学生都不如，听不懂普通话，懂英语的人又很少，让我的日常交流很是尴尬，甚至极大地影响了工作的正常推进。有一次，公司来了几个客户，他们慢条斯理地说着什么，配合肢体动作连比带画地和我沟通，我很努力地聆听和领会，最后也只明白了一半的意思。要知道，连对话都成问题，在沟而不通的情况下，一切推进都受到巨大影响。

内地的“酒桌文化”，也让我头疼不已。在内地绝大部分地区，餐桌上不仅要喝白酒，还有最恐怖的“劝酒套路”。我本身是不喝酒的，更别提烈性白酒外加劝酒这套“组合拳”了。

有一次，我宴请地方相关人员，席间宾客都要求碰酒干杯，我因为不喝酒，就象征性地抿了一小口，对方脸色瞬间变得很难看，气氛骤然凝重。他们一下子起身，头也不回就走了。我当时困惑不解，更加无所适从。

内地的气候问题，也是需要我拿出巨大的勇气来克服的。我自幼呼吸道就不好，常年有鼻炎，一旦遇到空气冷热交替，病症就会严重。刚到东北的时候，那种寒冷刺骨和干燥的天气，用现在流行的话讲："那酸爽，简直了。"我的鼻腔瞬间沦陷，整个人被冻得不停地打哆嗦。

这些困难和挫折是我不曾想到的。面对种种不顺，我又一次萌生了退却的念头。再回想自己当年的美国求学路，同样遭遇到各种困难，在绝望之时是在元神的唤醒下，我才坚定了意志。不行，我不会轻易服输、就此投降的。于是，我再次冷静下来，鼓足勇气，怀着屡败屡战的必胜信念，分析情形，寻找对策。

首先，过语言关。在与同伴交流的过程中，我认真学习语言，勤学苦练，不断模仿，从一知半解到逐步领会全部意思，再到沟通顺畅，用了大半年的时间。此外，为了熟悉业务，快速推进，我还将自己的住处从酒店搬到了店铺，和餐厅公司伙伴同吃同住，一起将生意越做越大，不断地快速开店、拓展区域。

各地的统战和侨务部门对我们也特别支持，随时都在问我们投资、经商的困难，积极帮我们解决问题。那时候我的普通话特别烂，只有他们能听得懂我说什么。遇到这样的知音，对于我了解更多当地的文化起到了很大的帮助，也大大提高了我的沟通交流能力。

其次，克服气候带来的不适。我在平时加大力度锻炼身体，做抗阻练习，提高身体的免疫力和抵抗力，让自己的身体逐渐适应气候的变化。

最后，勤于学习。我积极融入团队，向他们请教内地的文化，学习内地的规矩和讲究，广结友人，拓宽人脉。后来，我还参加了沈阳和北京本地的青年组织，交了很多好朋友。我经常参加他们组织的活动，学到了很多知识。比如，团北京市委带着我和100多个青年参加井冈山的授勋仪式，让我了解了更多的红军精神，不怕牺牲、顾全大局、严守纪律、亲密团结等。这对我的学习帮助很大。

在我和团队的不懈努力下，功夫不负有心人，生意蒸蒸日上。我发现，当一个人勇于自助的时候，老天也会助你一臂之力。

归国创业路，除了归功于我不服输的精神外，更多的是勤于思考，自我觉察，善于学习和应变。一个没有学习力的人，无法跟上时代的步伐，终将遭到淘汰；而一个拥有学习力的人，能快速改变思想，适应环境，终成大事。这一点，春秋时期的范蠡做得非常好。

我平时喜欢读有关春秋战国的书，像《史记》《战国策》等。在众多的历史人物中，范蠡是最让我着迷的一个。范蠡是个全才，他既会当官又会打仗，既是经济学家又是商业强人，可以说是跨界学习的典范。我曾带领我的团队深入研究过这个政商两界的奇才，从中学到了不少经商之道。

范蠡的前半生是一个政治家，曾经辅佐越王勾践复国。当时勾践向范蠡问计，范蠡这样说："持满者与天，定倾者与人，节事者以地。卑辞厚礼以遗之，不许，而身与之市。”

这句话什么意思呢？就是说，当国家昌盛时，要顺应天道，加以保持；当国家出现危难，要遵循人道，安抚百姓，这样才会安定；在处置各种世事时，要遵循地道，有所节制。范蠡建议勾践对吴王保持谦卑有礼，一切都顺着吴王。如果这样还不行，就把自己抵给他当奴隶。

就这样，范蠡造就了勾践“卧薪尝胆”的神话，之后“三千铁甲终吞吴”，扶助勾践一举成就霸业。

勾践取得霸业以后，范蠡发现勾践一直隐忍的自大本性也逐渐暴露出来，这对范蠡来说是非常危险的。“世界那么大，我想去看看。”范蠡找了个借口，就辞去了所有职位，和当时著名的美女西施一起隐姓埋名、浪迹天涯去了。有人认为范蠡是消极避世，是只会过小日子的人。殊不知他是有了人生新目标——经商。

范蠡来到了齐国，他经过一番考察，发现在这里经营农产品，具有很大的发展空间。于是范蠡便改名换姓，摇身一变，变成了鸱夷子皮，在齐国滨海地区搞起了农业生产。《史记》记载：“（范蠡）耕于海畔，苦身勠力，父子治产。居无几何，致产数十万。”经过几年的努力生产，范蠡很快就收获了第一桶金，资产多达数十万。

最让我佩服的是，范蠡在这期间曾三次成为“福布斯

> 排行榜式”的巨富，又三次“裸捐”，散尽千万家财，展现了一个大慈善家的风范。范蠡这个人的学习力是极强的，每次“裸捐”之后，他都能再赚到更多的钱。后代生意人尊他为“商圣”“财神”。一直到今天，范蠡的经营理念都是商人们所尊奉的信条。“农末俱利”“待乏原则”“平粜齐物”，都是他经济思想的内容。

可以说范蠡是一个非常成功的人，也是一个极为利他的人。究其原因，我认为主要在于范蠡拥有超强的学习力——能政、能商、能战，能适应各种环境变化。我的创业经历和范蠡的故事，说明一个人具备学习力，将会为自己的命运带来怎样的变化。

拥抱互联网，联合创办“海阔天空”

我 38 岁时，事业顺风顺水，什么事情做得都很棒。特别是参加完 2009 年国庆 60 周年阅兵典礼之后，我整个人“自负”到了顶点。在这个过程当中，我丧失了很多不同的机会。

我刚开始玩“跨界”，投了很多跨行业的企业，结果几乎是一样的，全都失败了。为什么失败？因为不懂。譬如，我在四川投资了 3D 打印、基因测试公司等，这类技术那时还是比较先进的；我还投了两个科技企业以及一个食品工业企业，最后全部是亏钱的，就是因为不懂行。

有一段时间，我的生意也出现了起伏。我并没有详细了解其中的原因，只是觉得一切无所谓，我始终认为这只是偶然事件。很多互联网做得非常出色的朋友都批评我，把我比作一个“大恐龙”——身体生猛，能吃能喝。

我说过，每当我志得意满的时候，总会出现一些事情来搅局。这次也不例外。

2013年以前，我对互联网了解不多，只觉得它离我很遥远。2013年以后，互联网公司如雨后春笋般涌现，美团、饿了么外卖业务也依托互联网应运而生，开始蓬勃发展，外卖市场被新生公司抢占了很大一块份额。我的食品工业全部以线下供应为主，突然出现的电商、微商，把整个引流都改变了，这对我的零售冲击非常大。尤其这些公司与粉丝的深度互动带来更多的复购、拉新，助力业务增长，我开始有些不安了。

我和自己讲，在这样的环境我得生存啊，我得进步啊！我决定拥抱互联网，把企业和互联网结合。我做了这样几件事。

首先是跟大咖学习，还是用我原来在大学时请吃比萨饼的套路。我把所有的好朋友召集在家里聚会，了解现在互联网变革的情况。在他们的身上，我学到很多有用的技术，包括互联网的变革在哪里，整个互联网科技颠覆了哪几类市场和行业，我们应该怎么拥抱未来，我们主要讲到的顾客跟公司的对接度，在线上与线下应该怎么做好战略，有什么样的科技能够融入，应该怎么制定好我们的互联网战略和策略，以及下一步如何行动。

其次是进行了有针对性的阅读自学。我给自己开列很多书单，每天都抽出一段时间阅读和思考。我首先会以问题为导向，选择我当下最关注的主题和大类，再有针对性地购入和学习。我发现，读的书越多，越觉得自己无知；读的书越多，越发觉还有那么多经典内容和前瞻思想是我未曾了解过的，深感学海无涯。

通过学习，我也总结出最初几次投资为什么会不成功，主要是缘于赛道错了。赛道如果错了，奔跑也就错了。其次，还缘于我不懂怎么看公司，不懂怎么挑总裁，挑的创业者也是错的。后来，我也做了很多不同的基金。我向做了 20 多年创投项目的好朋友们请教学习，学习他们的最佳实践套路。

2017 年 9 月，我迎来了自己人生里程碑的时刻。我非常感谢我的大学同学方仁宙先生，以及数字领域合伙人文立先生。他们都有非常丰富的投资经验，给了我特别大的帮助和支持。我和这两位志同道合的伙伴共同成立了“海阔天空创投基金”，为初创企业构建一个跳板，让这些极具潜力的企业突破地域局限，逐步扩展业务，走向内地，乃至走向国际舞台。

其实当初创办“海阔天空创投基金”的背后还有另外一个原因。我一直希望学习未来会对传统行业颠覆的黑技术。截至目前，3D 打印、人工肉的制作、生物科技、机器人这些还没有给我的餐饮、食品工业造成太多的影响，但“未来一定会到来”。作为投资人，我应该尽早了解这些技术，并在第一时间把握这个技术，让我的事业持续升级。

后来，我还直接投了很多项目。这些项目很多取得了成功。比如，我对中国最大的关于视频的人工智能公司进行了投资，在一轮、二轮都有。我还投了很多不同的企业，都取得了比较好的回报。在这个过程中，我从书本上学到了很多创投和投资的知识，再通过和专业领域朋友切磋，以及成立投资公司和“海阔天空创投基金”，我把实践经验与书本知识融合在一起，自己又有了新的理解，这对我以及公司的成长都大有裨益。

最初我们公司完全不懂，现在懂得了怎么把握机会，建立了自己的投资科技平台。我们还进行了一系列的变革，一方面通过线上跟线下整合人流，让更多的消费者能够通过我的食品工业、通过我的食品零售，以及其他不同的零售产品和品牌，共用一个流量池。另一方面，我们的投资平台可以通过现在建立好的科技财务，还有供应链等一些资源，赋能给更多创业者去投资。这都是我们整体的发展方向。

无论是交友畅谈还是读书自学，我都获得了很多新知识。当新知与旧知之间发生冲突，我会全方位客观地看待，哪些旧知不可再用，哪些旧知部分可用。我还会站在更高的视角向下俯视问题，运用新知结合旧知，放在新时代、新环境的大背景下重新考虑问题，用前瞻视角思考未来。

不仅如此，我还把这些宝贵的经验教训分享给更多的人。因为分享的过程，也是自己“再学习”的过程；分享之余他人给予的反馈，也会成为我收获更多新知的好机会。经过自己日积月累的学习，我会更大胆地践行，做到知行合一。用行动检验知识的效果，是一种更为重要的“习得”过程。之前我所习得的干货，在不经意间已然完全“内化”成自己的“才干”，可以使我融会贯通、举一反三了。这种神奇的感觉是妙不可言的。

不可否认，如若让自己在某些领域变得“很在行”，变得“更懂”，唯有虚心学习。拥有学习力，是任何人在自我发展道路上无法绕过去的重要一环。每当我发现自己在某些方面知识是欠缺的、匮乏的，我就会开启上述这些快速学习的模式。

学习两大动因：立足生存与更好成长

美国求学、回国创业和科创投资这些事情，至今让我记忆犹新。是什么劲头和力量驱动我持续学习？又是什么动因让我自动自发地学习呢？我认为，这里有两个主要动因：

> 一是为了生存，二是为了成长。

首先，为了生存，能够“活下去”。每个人为了生存，为了能够“活下去”，都要做出一定的自我改变，甚至是巨大蜕变。原先自身经验和所具有的才能，已不足以支持应对当前需要时，必须倒逼自己改变认知，调整状态。唯有通过学习和改变，才能活好当下。无论当初我在美国求学，还是后来在内地创业，我无不是通过钻研语言、融入文化、广交朋友、锻炼身体、读书自学、深度思考，才不断扩大自己的舒适圈，让自己先好好地生存了下来。

其次，为了成长，能够“活得更好”。在这个变幻莫测的、不确定的、复杂的时代，你如果想拥有更好的生活品质，想指望“以不变应万变”，就能实现，那简直就是笑话。唯有具备谦逊的品格、快速且持续的学习能力、对新鲜事物保持好奇之心并勇于探索，才能自我升级，跟上时代步伐。反观我的内地创业路、科创投资经历，当我立足站稳后，面对多变的未来，我如果停止学习，开始吃老本，那就是“不进则退”，我是不可能拥有如今这么大规模的商业集团的。没有学习力，这些都将不复存在。

这几则亲身经历，让我想起了曾经看到的一本书《学习力就是竞争力》，里面有这样一句话：“学习力就是竞争力的硬道理。学习力，是一个人成功改变命运的思维利器，更是一个企业基业长青的制胜法宝。”对此，我是深感认同的。

创建“洪门”
学习不是一条单行线

我对学习特别看重。在这方面，我对自身要求、对他人要求都很高。一直以来，我通过支持的青年组织以及组织青年人发展的创业项目，结识了很多小伙伴，他们希望成为我的学生，跟我一起学习。这其中还发生过一些有趣的事情。

当时我有 9 名学生，自发成立了“洪门成长小组”。这是一个有愿景、有使命、有计划、有系统，且能够相互学习、相互交流的学习组织。这些青年人追随我多年，大家互相切磋，彼此学习，各自都受益匪浅。

每一年青年大会都会推荐一些优秀的学生给导师，导师需要去辅助这些年轻人继续成长。我记得在 2016 年，LEAD 立德领导力的张萌老师一开始给我推荐了两位学生。这两个年轻人向我讨教“如何让自己的内心变得强大、如何更好地修身与修心”等方面的事情。

最开始我内心是比较不情愿的，因为我没有时间。我的整合资源发展很快，社会工作也很多，真没时间去辅导和照顾他们，所以我不是很主动。偶尔大家组织一次活动，我更多的也是一种“被动参与”。几次的被动参与，我的学生还是那么渴望与我一起分享他们的想法，他们执着学习知识的精神慢慢地感动了我。

这两个学生一位是做与餐饮有关的培训工作，一位是做美食广场和团餐的，都和餐饮有关，我应该对他们有辅助。这个也是利他精神的要求，我后来还是同意了。我虽然把他们接收过来，但一直晒着他们。一年过去了，我也没有跟他们怎么接触过。

每一次座谈、吃饭，我都觉得这是占用我的宝贵时间。我脑子里想的是“一次开始，二次终止”，走走过场就完了，根本就没有很用心地准备和对待。

2017 年教师节，两个年轻人邀请我一起过教师节，希望我和他们一起来庆祝，我勉为其难地答应了。去的时候我也没什么特别的感觉。当天他们带我去的是一家素食馆，我居然没吃饱。但最后他们的举动却感动了我——他们为我这个老师献上了美丽的花束，花束上有他们对我的祝福，还有他们写给我的私信。看着留言，我被他们的诚意深深地打动了。

此时我开始思考如何帮助这些年轻人，助力他们成长。这不一直也是我的一个梦想吗？经过一番思考，我决定端正自己的态度，拿出时间和他们分享一些我的成功经验，聆听他们的诉求，通过对话、引导，帮他们找到问题及解决的办法和出路；然后，进行了一次成长

我与“洪门”学生在一起

的分享会，为他们指点迷津。

在分享会上，我不希望用说教的形式教学，我推崇分享，希望把大家的成功的经验与失败的教训拿出来分享，先创造一个信任度比较高的环境。这些学生的悟性非常好，他们也愿意分享自己的想法及使命。但后来我还是没有太多时间的投入。自此之后，就一直都没有和他们有更多的接触。

2018 年青年大会又到了，张萌老师在没有得到我同意的情况下，又介绍了 4 个学生给我。现场我都不知道怎么回事，直接傻掉了，而我的学生总数此时已经有 9 人了。我作为一名资深导师在现场为其他导师颁奖后，学员们纷纷与我合影。我还记得当时的场景：有一个小胖子，现在身材很好了；有一个是问题少女；有一个是永远长不大的小孩；有一个以为自己武功很好的 30 岁左右的男子；另外是一个娇滴滴的富家小姐。

在分享会上，我们的分享的东西有很多，包括事业的发展、个人的成长，还有自己家庭的整体发展。一般来说，这三个都会打分。此外，还要谈谈未来 30 天到 60 天，哪些事情让你特别兴奋，让你特别赋能，哪些事情让你特别焦虑、特别愤怒、特别不开心。通过这个分享，我们就能发现一些问题。

一般来说我们有 4 个小时的分享，还有两个小时的运动。日复一日，大家进步比较快，想法也很多。我们后来还制定了每年见 6 次的规定。

我所有的学生通过自我学习，通过自己提升，达到了一个很高的高度。他们学习的状态也感染了我。我原来觉得这个过程只是一个单向的付出，但其实是每个人都能从他人的视角观察到事物的不同面，彼此都收获颇多。这种学习氛围，不仅大大增强了所有人的学习意愿，还很好地提升了所有人学以致用的本领；在践行的过程中，也会“竞赛争胜”，助力学习能力的提升。这样的学习，过程快乐，成果富有意义，它能够激发我们不断前进。

学习本就不是一条单行线。在这个过程当中，我的收获也非常多。在整个过程当中，讨论、沟通、交流，大家建立了深厚的友谊，很多伙伴都有较大的成长。这真是一件非常有意义的事。

学习力修炼方法一
保持对新事物的敏锐度

现如今，物联网技术、互联网思维早已嵌入各行各业，人工智能、云计算、大数据让“未来已来”。因此，对万事万物抱有开放的心态，对于我们保持对新事物的敏感度，是无比重要的。我认为，要想拥有和保持对新事物的敏锐度，就要刻意练习我们的洞察力，刻意让自己的神经多一丝敏感，与周边所知所感做信息关联，强迫自己练习“对趋势可能的发展做分析及预判”。为了更好地认知新事物，我们有必要掌握学习必经的四个层次。

没意识到自己无知——不知道自己不知道

处在这个层次的人最为可怕，他感觉什么事情都很简单，正所谓无知者无畏。这样的人进步会很缓慢，因为他会自我感觉良好。

俗话说，“初生牛犊不怕虎”。我刚在美国读完书时，作为企业管理和会计学高才生，我以为我什么都懂。那时候中国零售市场刚刚开始，我觉得在没有竞争对手的情况下是很容易一举拿下的。现在想想，我当时是多么无知，根本不知道做好生意需要的能力是什么。这是一个特别危险的层级。结果也是这样，一开始我感觉很好，可后来挫折感越来越大。

开始意识到自己是无知没能力的——知道自己不知道

处在这个层次的人，开始意识到自己在某些方面的无知、欠缺与不足，开始变得为人谦虚，敬畏生活，开始懂得要通过学习改变自己。

当经历了很多挫折后，我才意识到自己有很多能力是不具备的。在这个前提下，我努力去寻找不同的资源，包括通过阅读、向领域里特别强的人请教、扩大朋友圈，加强自己的学习强度，以提高自己的整体能力。

认识并知道自己具备了能力——知道自己知道什么

处在这个层次的人，知晓自身长处与短板，清楚自己具备和拥有的能量，且能有效运用自己的才干做好某些事情。

随着不断读书、混圈子、参与实践，我逐步意识到自己在丰满思想和认知。我清楚地知道自己知道些什么、不知道什么，开始变得虚心和好学。一个人最高境界的学习是不知道自己正在学习。

没意识到自己还有这方面的才干——不知道自己知道

这个层次的人能够整合各种资源为自己所用，处理事情游刃有余、驾轻就熟、炉火纯青，可以达到“手中无剑，心中有剑”的境界。在现实生活中，这类人往往是各行业的精英人物。

作为一名行业的探索者，如今我掌握的经营管理方法越来越多，从分析到判断用时明显缩短，决策的正确率也在不断提升，这都得益于我平时的学以致用和融会贯通。

学习力修炼方法二

快速形成自己的学习套路

每个人都有自己的一套工作及生活行为模式，学习也不例外，每个人都有各自独特的地方。习近平同志曾指出："既要向书本学习，也要向实践学习；既要向人民群众学习，向专家学者学习，也要向国外有益经验学习。学习有理论知识的学习，也有实践知识的学习。"

上述这段话，给了我很大的启发。我在梳理自己多年的成长模式与学习方式后，整理提炼出了一个套路、三区和三练。借此机会，与众分享，欢迎切磋。

一个套路：构建模型

通过深入实际调查研究、亲身经历，我会把大量零碎的材料加以系统化、条理化，形成自己的一套科学合理的认知方法论。这些自有的工具、模型，会时刻指导我面对各种复杂问题时做出快速决断。

为了不断补充和更新我的弹药库，我不得不倒逼自己大量且持续地做“学习与再造”；更新后的模型，则重新武装了自己，滋养助力我更好地精进。

三区：勇于走出舒适区、努力克服惶恐区、全情步入学习区

学习的路上并不总是坦途，最难逾越的鸿沟恰恰是自己的心智和意志。人人都有一个舒适区，舒适区是我们游刃有余、安逸舒服的地带。在很多情形下，走出舒适区又是实现目标的关键，或者说是达到奇迹的路径。

只有你勇于冲出舒适区，克服心理障碍，努力突破惶恐区，才会“让自己的舒适区慢慢变广阔”，你才会感到“令你舒适的面积越来越大”。学习与奋斗的道路，又何尝不是如此呢？

美国求学时，我遇到了巨大的挑战和磨难，最开始畏惧心理占了上风，我认为只有待在自己房间打游戏，才是最舒适的。然而，在自我激励与驱动下，我克服惶恐，战胜自己，勇于闯出去（主动去交友、读书、学习语言），真正踏入了学习区，才换来我更自由的生活。

回国创业也是如此，气候、语言、文化差异三座大山压得我喘不过气。萌生退意之时，也是依靠自我激发，无畏向前，虚心学习，才有了合兴餐饮今天的规模。

生命不息，折腾不止。只有走出舒适区，才能成就更好的自己。

你的舒适区和奇迹出现的地方，其实离得很近，只是缺乏一个链接。

当我在学习的路上克服了所有内心阻碍、战胜一切行动的束缚后，接下来就是调动我全身的气力，开始认真学习的时刻。

我读到过这样一段话："环境中的舒适区，心理上的舒适区，还有习惯的舒适区，正如一个又一个的猪圈，一旦落进去，看似蛮舒服的，有吃有喝有烂泥打滚——但你这所有的舒适，都是需要付账的。"我深以为然。

三练：读书、交友、方法论

读书：读书方法与速度技法

① 读书方法

首先，确定你当下关注的方向和主题大类；其次，每个主题再选择 3 ~ 5 本图书去阅读（参考后面速度技法）；最后，列出读书计划，标注书中的金句和观点，记下自己的深刻感悟。

② 速度技法

我的母亲在我幼年时，就教授给我如何快速阅读的特殊本领，这项技术让我终身受益。平时我们也可以通过普通速读训练，相应地提高阅读速度，这种训练每个人都可以自我进行和检验。

关于如何速读，有很多不同的讲解和传授，我的亲历经验是：先泛读、再精读。

泛读，主要目的有两个：第一个是先知晓图书通篇所讲是什么；第二个是为方便今后回看内容能够快速索引打基础。图书的梗概、核心观点和精要内容，大都在序、前言、目录、后记及其他版面中显现或隐现，在阅览文字时，可以通过“扫读”手段飞速浏览关键词。此时，你的眼睛，就要像军用雷达一样，扫视内容。平常人的阅读速度是每分钟 120 ~ 150 字，经过训练，速度可以提升五六倍。

精读，一般有两种方式：一是带着兴趣和最大疑问，索引自己急需了解的内容，先有针对性地重点学习，解决问题。二是从头至尾，系统性、全面化地阅读。这其中也会用到“扫读”技术。在文章中找到关键词、语意群和主要意图，了解文章的大意和中心思想。

理解训练，通常我们进行速读训练，是不需要追求 100% 的理解的。比如我们在读一份刊物时只要求获取它们中间的“干货内容、作者的核心表达”，丢弃中间的水分即可。通常经过系统训练以后，我们速读的理解力可以达到 70% 左右。如果刻意追求 100% 的理解，那样就失去了速读的意义。

通过这些年读书的经验，我认为在速读上最重要的是要克服这样三个习惯：第一个是每一次看书一个一个字看，我管它叫 fixation；第二个是总是翻看、往前看，看完以后再往前看一次；第三个就是心里默念文字。这三个习惯会大大影响我们整体的阅读速度。

我们要去克服这些问题，就要做到如下几点。第一是要把眼界展开。从看一个字变成看这个字的前和后，甚至把整个段落都看完；

再练多一点，可以不看一行字看两行字。这些需要去慢慢训练。第二，一般翻看的理由是不专心，你要把精力专注在书的主题上去想问题，自己去控制自己。第三，尽量减少心里念字，虽然不能完完全全避免，但最起码不能像原来一样，念这些字会大大影响你的速度。因为念出来的速读肯定没有你眼睛看得快。

交友，“向最佳学习，也向失败学习”

读万卷书不如行万里路，行万里路不如阅人无数。广交朋友，取长补短，向身边成功者、最佳实践者学习，是快速成长最有效途径之一。朋友有远近和亲疏之分，你首先要区分和判断结交什么样的朋友，哪些是值得深度交往的，哪些是可以日常保持联系的。

向最佳实践者和案例学习成功要素，深挖灵感。每个人的成功一定都是经过大量探索、走了很多弯路、外加一点点的运气得来的。我学习最佳经验和成功案例，主要是一种“临摹”，像兵棋推演游戏那样临摹他们的思维、行为和心境。同时，领略高人的思想层次与精神境界。

向失败学习是什么导致了失败。失败学本身也是另一种成功学。我会经常向身边朋友了解他们那些做得不成功的教训、总结，捕捉有价值的信息。我们不知道什么会让我们成功——即便是那些所谓的成功者，也不可能说清楚他们自己成功的原因——但是我们可以知道什么会导致失败。只要我们能够小心避免导致失败的因素，即便没有成功，也离成功不远了。

摸索并形成自己的成长套路

首先，通过初级实践，探索和积累个人的浅层经验，在盘点过往的相同经历后，提炼出典型步骤及套路，形成自己的独到理解。

其次，通过交友、听课和读书自学等方式，学到更高阶理论与新知，从而升华思想、改变认识。

最后，批判和继承旧知，再结合新知，重新运用到实践中去，学以致用，真正“习得”。重复上述第二步。周而复始，最终会形成属于自己的一套学习与成长方法论。

学习力金句

- **学习意愿是学习成功与否的重要因素。**
- **最高境界的学习，是不知道自己正在学习。**

请反思：你为了什么而学习？通过学习，想要得到的是什么？

第四部分

执战力

速度

资源有限下的执行能力

令人沮丧的是好的项目没有做到位，
却找到很多客观理由，
来之能战，战之能胜，这是我们追求的目标。
这只能靠执战力。

有一次，我遇到这样一位正在创业的朋友。他对我说："洪总，我打算放弃了，坚持不下去了。"

我说："为什么，你的项目前景非常好，中途丢掉多可惜。"

"团队太不给力了，没有执行力，拖拖拉拉，还有很多抱怨，这条件不够、那条件不够的。创业嘛，怎么可能那么完善？很多事没办法我只好亲力亲为，太累了。"这位朋友无奈地摇摇头。

这一幕我相信很多创业者都遇到过，如何打造一个高执行力的团队是每个创业者必须面对的一个挑战。这里边是否有套路可循呢？

执行的失败
新品牌栽了大跟头

一直以来，我自认为团队执行力很好，这个问题好像在我这里不存在。因为通过多年的努力，我的生意做得很不错了。我的执行力是三板斧——制度、流程、KPI，一直用得很顺利，直到在新品牌建设上栽了跟头之后，我重新审视了新形势下的执行力，并把其升级为执战力。

我的这个跟头是一段让我伤心的往事，这是一个开始就失败的案例。

万事俱备：新品牌的全面展开

2017 年下半年，我们正在准备做 2018 年的商业计划。一次会议呈现，让我们诞生了一个新品牌。

当时市场部的伙伴给大家讲了一个特别详细的未来消费趋势的分

析。分析中提出，健康、运动是大家越来越关注的一个方向。这个方向再结合互联网会派生出很多新的模型，其中轻食沙拉一定是未来的一个趋势。市场部负责人动情地说："我们要看到这些趋势，善于抓住先机，凭借我们的能力，一定能够做好。"

接着，大家分析了我们做这件事的优势，共列出我们具有的几大优势。

首先，沙拉需要的蔬菜跟我们所供应的蔬菜差不多，目前我们店铺也有卖，供应商基本上是现成的。这个资源可以马上用到，大大减少重新找供应商的难题。

其次，未来的趋势一定是线上与线下结合的新零售模式，这个模式我们基本上都已具备。我们有现成的线上运营队伍，目前的线上业务做得非常好，可以很方便地嫁接，通过我们自己的外卖和会员系统推广新品牌。我们已建立自己的 CRM 系统，已有几百万的会员在库里，有很多都是我们的目标客人，我们使用起来得心应手。

再次，我们有几百个线下店铺，可以充分借助店铺的资源开云餐厅。我们有特别专业的开发工程团队，可以很方便在我们已有的店边开出显形店。区域的规模优势也让我们与非常多的开发商有着良好的关系，可以迅速在美食街、购物中心等地方开店，应该能够快速开出几十家店。

最后，通过调研，看到网上所谓的一些外卖沙拉店还是不具有经济规模的，产品也参差不齐，还没有形成头部品牌。可以说，这是一个市场的蓝海。

以上是我们理性看到我们具有的做这件事的优势。同时，从感性层面考虑，我是个运动控，基本上每周都会做 3 ~ 4 次运动，并且一天会喝 1 升的蔬菜汁。所以当这些小伙伴们在公司里提出健康概念时，我举双手赞成。

会上大家都异口同声地同意要做，促成了做新品牌的会议决策。

用人方面，市场、运营和人力资源的伙伴们都对这个项目特别感兴趣，自告奋勇坚持负责这个项目，各项工作都应该是水到渠成的。我还记得，他们在接下来的会上又做了这个新品牌的相对详细的商业计划，也感动到我了——整个 PPT 做出来的效果很好，颜色灿烂，概念清晰，目标也很宏伟，给人的感觉特别好。

我的小伙伴提到未来这是个大生意，而且我们能够以高速度发展。在做好门店生意和线上生意以后，未来还可以做定型包装，还可以根据生意量考虑收购农场……这是非常激动人心的。项目负责人很兴奋，并且很自信地跟我说："我们有信心 3 年把这个新品牌做到 5 亿元，第一年超过 5000 万元，这是我们必须实现的，已经做了详细的商业计划。"这也令我非常感动，感觉团队有热情、敢担当。最后，团队还给这个新品牌起了一个很好听的名字，叫"野叶子"。

在我们一年一度的 CEO 峰会上，各地都会做本年度的总结和第二年的展望。当时"野叶子"这个新品牌团队，一块儿来做总结展望，还开了誓师大会。我觉得这个品牌未来几年很有机会单独上市。

我们当时已设想新品牌成功的画面：

> 每个网红都会订“野叶子”，会在朋友圈里晒高颜值的产品，说明自己吃得很健康；
>
> 每个运动达人都会选择“野叶子”，因为更能够促使其达到目标；
>
> 每个年轻的白领，尤其是女性，一周会有2～3次吃“野叶子”，因为她们更喜欢苗条的身材。

我们也计划先从北京等一线城市开始做，然后逐步利用现有网络进行拓展。这样一个崭新的愿景在我眼前铺开了……

于是，“野叶子”便大张旗鼓地干了起来。短短几个月，就开了几十家云餐厅和3家显形店。可是一段时间以后，我们发现在实践过程中并没有我们想象的那么容易，现实好像没有我们设想的那么好。3个月过后，我们的销售计划完成率不到20%，与预算差距比较大，而且还没有看到好转的迹象。

当时我们想万事开头难，可能慢慢就会好的。团队负责人还觉得这个事情是没有问题的，只是开始的时候有点波折，未来是可以完成的。因为线上业务还没有全面展开，还有一些产品不到位，还有很多组合销售没有做……

我对团队还是很有信心，再加上这个项目在整个集团的生意中占有量比较小，所以我也没有花更多的精力研究、讨论，只是让其继续调整和发展。当时团队还是抱有很大希望的。

东风未到：现实无情打脸

又过了3个月，销售业绩还是没有扭转，而且又下滑了很多。按照商业计划，我们的确开了不少店。但是在开的店当中，赚钱的少，亏钱的多，存在很多问题。很多预期都没有实现，我们原计划开店的时候，设想6成的生意是在线下的，其余4成是线上的。结果，6成的生意没有在线下实现，线上又因为程序等原因，生意更是少得可怜。

整件事跟我们预料的完全不一样。我们原来预算“野叶子”每个店可以做到一天一两万块钱，结果是只能卖到一天两三千块钱，并且我们还看到品质服务忽高忽低。

有一次我在看店时，遇到了一个让我很生气的情况：

> 有一个顾客在餐单上看了好一会儿说：“我点鸡肉沙拉吧。”前台服务员犹豫了一下，说：“这个我们需要现做，要等15分钟以上，您看还要不要？”
>
> “要这么长时间，那算了，我要赶时间。”顾客说完后无奈地离开了。

“野叶子”品牌

野叶子

“野叶子”品牌

因为所在店是快餐店，来的客人中午居多，“快”是最重要的要求，所以很多顾客是不愿意等的。

我问店长为什么会这样，店长解释说，因为它的销量不高，线上业务没有拓展起来，“野叶子”大多是新鲜的蔬菜，对食品安全要求非常严。很多原材料打开 4 个小时之后必须卖掉，卖不掉就要报废。所以说还是少做。如果顾客点餐再现场制作，不能做预制。这就出现顾客点了之后需要等 15 分钟以上，但又没有几个人愿意等，于是就出现了这样的情况。

同时他说：“从我们的角度来看，并不知道为什么要卖‘野叶子’，‘野叶子’的目标客人是谁我也并不清楚。我认为‘野叶子’的方向有问题，它是小众的，只有特定的人如健身等人群才来吃，普通顾客消费频度低，到餐厅就餐的客人中愿意吃‘野叶子’的并不多，这里并没有‘野叶子’的消费场景。我在店里工作，对我们深入指导和对接的基本没有，只有一个操作手册。我们都是在兼职做，其他的产品已够忙了，没有时间再来做‘野叶子’。每个月都给店里下了销售目标，但这些目标是如何来的，我们也不清楚。”

店长的这些话深深地刺痛了我。我回过头来再问品牌负责人为什么是这样的结果，她已经有些气馁，没有了原来的信心满满，甚至还流下了眼泪。

她说：“我们也特别想做好，我对这个项目很有信心，但做起来才发现很多的问题。我们原来对市场调研不足，过于乐观，在做时落实的路径过于理想化，没有深入论证其可行性。在组织和人才上资源不足，很多都是兼职做的，缺少很多专门的人员，没有专一的新品研发团队，没有市场团队，没有拓展团队。这些都是和其他品牌共用，他们会优先保证大品牌。在云餐厅店，因为其他品牌的店长管，所以我们主要是建议。资讯程序的开发要排时间。品管的要求太严格，通过一个原材料就需要很长时间，而且需要的手续非常多。很多供应商要么不合格，要么因为我们量少不愿配合。很多审批流程也过于烦琐。作为品牌负责人，推动起来有点无能为力，有种有力使不上的感觉。”

她的话又引起了我的思考，为什么会出现这样的情况？在半年的总结会上，我们就战略落地的执行套路做了深入讨论，包括分析“野叶子”。“野叶子”作为一个新品牌，让我从另外一个角度深刻地了解了管理的执战力要求。

从《亮剑》看执战力的五大套路

执战力是什么？我认为的执战力，是指个体及团队（重点是指团队）在资源有限的情况下，搭建目标和结果之间桥梁的能力。

我们如何去理解执战力呢？

相对执行力，执战力更强调在“资源有限”的情况下实现目标的能力

有很多人问我：“为什么用执战力而不用执行力？”大家对于“执行力”这个词非常熟悉。比较专业的解释包括：“贯彻战略意图，完成预定目标的操作能力。”“它是把企业战略、规划转化成为效益、成果的关键。”“执行力包含完成任务的意愿，完成任务的能力，完成任务的程度。”

执行力，对个人而言，就是办事能力；对团队而言，就是战斗

力；对企业而言，就是经营能力。而衡量执行力的标准，对个人而言，是按时按质按量完成自己的工作任务；对企业而言，就是在预定的时间内完成企业的战略目标。

“执战力”在此之前并没有明确的定义，这个词是我结合自己的感悟得出来的。很多人把其简单理解为执行力和战斗力的简称，其实也行。我提出的“执战力”是对创业团队而言的，更强调团队在资源有限的情况下，依然能够克服一切挑战和困难，甚至绝境中求生存，搭建目标和结果之间桥梁的能力，达到“来之能战，战之能胜”的效果。

讲到执战力，我平时讲课时最喜欢拿《亮剑》这部作品举例。

其实，《亮剑》很能展现出我讲的所有的力，所以我特别喜欢这部作品。每看一次感悟都不一样。

为什么《亮剑》能展现出我所有的力呢？我简单讲一下。

> 就拿原力来说，李云龙最善于打硬仗、打关键战，越是艰难的战斗他就越像疯子一样兴奋。当李云龙的新一团对阵日本精锐坂田联队时，营长张大彪指出对方是精锐，可以先避一避。李云龙却说：“什么他娘的精锐，老子打的就是精锐！”这种舍我其谁的霸气怎么能不让我敬佩？李云龙的原力在哪儿？“一句话，狭路相逢勇者胜，亮剑精神就是我们这支军队的军魂！剑锋所指，所向披靡！”这种“逢敌必

亮剑”的精神，就是李云龙的原力所在。

再说阳光力，独立团原团长孔捷打了败仗，李云龙接手独立团。这时战士们的士气都不高，李云龙这样调动士气：“我们就是让鬼子知道，碰到我们独立团，就是碰到了一群野狼。在咱们眼里，任何对手，都是我们嘴里的一块肉。”虽然话不多，却给团队注入了强大的阳光力，这一刻完全把战士们的内心燃起来了。

李云龙也是一个善于学习的人。上面通知高级军官全都去军校学习，刚开始李云龙也不理解，认为自己天生就会打仗，打仗还有什么好学的？但是当孔捷跟他说了在朝鲜的战役后，李云龙深有感触，开始虚心学习，并以优异的成绩毕业。这说明他有很好的学习力。

再说格局力，李云龙为什么每次都能打下硬仗，是因为他能把握全局，他能发现战争中的“势”，并给敌人以神出鬼没的打击。

关于幸福力，对于李云龙来说，有仗打，会给自己带来快感；而打好仗，能保护群众、保卫国家，没有什么比这更令人幸福的了。

再说执战力，为什么我要把执战力放在最后来说？因为我觉得，在这几个力中，李云龙的执战力是最突出的，而且贯穿全剧。当初李云龙接手独立团时，缺兵少将、缺枪少炮，基本上是一穷二白，结果不到一年的时间他就帮助独立团翻了身。李云龙是怎么做到的？我想李云龙靠的就是调动资源的能力。武器没有怎么办？去敌人那儿抢。粮食没了怎么办？去敌人那儿抢。而且独立团偶尔还会到“友军”那里找点资源……就是这样，李云龙把一个不完整的独立团变成了一个全建制的独立团，而且比以前装备得更精良。这就是李云龙调动资源的能力。李云龙最厉害的地方，就是他能在“资源有限”的情况下，不仅能实现自己的目标，还能超额完成任务。这些都是我说的执战力的精髓。我认为李云龙是我见过的执战力做得最好的指挥家。

话说回来，执行力与执战力两者的关系非常相近，而且相辅相成。执战力的前提是执行力，没有执行力也就没有执战力，有执行力不一定有执战力，有了执战力就一定有执行力。执行力侧重于把一件事或一个战略按照既定的目标不打折扣地完成。执战力更强调在资源有限或极度困难的情况下，把一件事或一个战略目标实现的能力。可以简单理解为，执战力就是执行力的“升级版”。

我们公司里的每个小伙伴都是团队执战力的实践者，都是团队中不可或缺的一员。每一个人的力量凝聚在一起，才能在资源有限的情况下形成“1+1>2”的整体执战力。如果个人执战力出现了偏差，整个团队的执战力就会大打折扣，我们所有的战略方向和组织计划就得不到有效落实。所以，每一个小伙伴都要与团队其他成员目标一致，团结一心，努力工作，共同形成团队的整体执战力。

我为什么要讲执战力而不是执行力？因为时代在变，竞争在变，我们没有办法在一切都准备好的前提下再开始一件事，往往是在没有做好充分准备时就要向前冲。想一想，我们每个创业者是不是都这样——最开始的时候都是资源很有限、人财物都很匮乏，大多都是在创业过程中再去整合资源。因此，我要讲执战力。

没有套路的执战力是蛮干，有套路的执战力是实干

我们如何打造执战力呢？我们通过半年会的头脑风暴，找出了执战力不足的原因，也进一步构建了执战力的模型，将战略与实际情况，以及与人员和流程进行有机地结合，形成了一些具体的套路，也就是我们执战力的方法论。总体来说，共分为以下几个关键点。

战略方向引导战略目标，战略目标是终点，方向错了，将南辕北辙

我觉得执战力强意味着不仅要低头拉车，还需要抬头看路。如果你方向不对，有多大的执战力都没有用，你会走错道路的。

有小伙伴跟我聊天的时候说："洪老师，我其实已经很努力做事了。但为什么还是离成功比较远？"我看了他的整个商业计划，还有行动计划，当中除了格局有一些机会点以外，其余乏善可陈。我

觉得他的执战力的战略方向把握得特别不好，本来要做东的东西却做西了。南辕北辙，这怎么能成功呢？

首先研讨的是战略方向，看这方面是否有错误或不足的地方。这是战略目标制订的第一步，必须厘清战略的关系以及战略方向如何有效地确定。

李云龙在接手独立团时，就想要带出一个打仗嗷嗷叫的野狼团。为此，李云龙进行了深入的思考。现在的独立团要什么没什么，资源严重不足，因此首要问题是要获得资源，要有武器装备，要有兵员，还要有一套完整的带兵体系。这些都是他要考虑的。

回顾新品牌的战略方向制订，我们的评估认为在大的市场趋势上的把握没有错。我们把握了整个轻食健康的大趋势，而且90后的消费者对我们的沙拉等产品也很喜欢。但我们在这些战略方向上没有进行更多的调研，包括我们的目标客人群、聚汇点在哪，并没有把它提炼成比较正确的商业模型。这就导致了我们在后期做销售路径规划的时候，在摸索不同的道路方面没有达到预期。

首先是战略方向，我们当下的线下跟线上的营销方向，在这方面我们做得不够。这个反思，让我们对战略方向的论证有了更全面清晰的认识。

战略方向确定后就要做战略目标，一个清晰的战略目标共分为几个部分？它包括战略描述和衡量指标两部分。战略描述是对战略目标进行清晰的语言表述，让人一听就知道是什么事情，朝什么方向去；衡量指标是对战略描述的量化，是要有目标值的。

下表就是对战略描述和衡量指标的举例。

战略描述	衡量指标	指标值
年底获得老师的高度认可	各科平均分数	大于 95 分
	获得奖状数量	大于 5 个
	老师综合评估级别	A

描述目标和衡量指标之间的关系是，衡量指标是对描述目标的量化说明。如果衡量指标完成了，目标就完成了。对一个战略目标而言，如果不能被描述，别人就不知道你在说什么；如果不能被量化，就不知道届时能否达到。

还有一点就是，我们在制定可衡量指标的目标值时，一定要考虑其可行性。而在做新品牌的时候，我们的品牌负责人很有激情地提出第一年销售 5000 万元，但其实背后没有特别详细地按照调研结果打造模型，进而制定目标。5000 万元的预估值还是比较简单的算法，算算我们有几个店、要开几个店，凭感觉算出来的账，与路径、模型和方向都没有太大的关系。我也同意这个目标，预估线上可能有更好的结果。结果导致了实际与设想的差距比较大，也伤害到团队的积极性。

制定可行的目标之后，这个目标要进行有效的分解，没有分解的目标就很难落在实处。举个例子，如果我们计划新品牌在第一年的销售是5000万元，就要把它做清晰的分解。第一个它要分解到每个月，第二个它要分解到线上线下，第三个在线上要再分中餐、晚餐以及其他时段的销售，在线下同样要做相应的区分。除了财务指标之外，其他可衡量的指标也同样进行分解。比如说，新品研发要分解到全年的不同月份，不同的季度都要有非常清晰的计划。这样的战略目标才可行。

通过回顾战略目标部分，我们认识到，一开始时，我们只有相对模糊的方向，论证不够；在确定衡量指标的目标值时，又过于盲目乐观，脱离实际，也没有做有效详细的分解，最终致使信心越来越不足，这个对执战力的影响是巨大的。设定目标就好像摸高比赛，如果高度让你跳一跳可以摸得到，那么你就会竭尽全力尝试；如果远高于你的能力，即使给再多的奖励，你可能也不会尝试。

战略是目标终点，行动路径是中间的路

战略目标确定以后，接下来就要选择清晰的行动路径与之相匹配。没有合适路径的战略目标就是空中楼阁。这次新品牌第一步失败，我们回过头来看，其中很大的一个原因就是我们的实施路径不清晰，甚至在做的过程当中没有更好地回顾，一直是摸着石头过河。

什么叫行动路径？还拿《亮剑》举例，李云龙想建好独立团，得

有兵、有粮、有装备，这些资源从哪里来呢？当时独立团基本上没有什么家底。后来，独立团通过从敌人那里抢装备、抢“友军”的补给、四处招兵买马等各种办法获得了资源。

从李云龙的一次动员讲话上，我们就能看出他这些资源是怎么来的。李云龙说：“今后全团以连排为单位，单独出去，仗怎么打我不管，连排长自己说了算。摸营、伏击、挖陷阱、打闷棍、绑票，反正只要是对着鬼子汉奸，你爱干什么干什么。我可讲清楚啊，谁对老百姓来这个，我可要枪毙他。原则只有一个，只许占便宜不许吃亏，赔本的买卖咱不能干。反正是枪一响，你多少得给老子捞点东西回来。我这个人不择食，什么都要，吃的、穿的、枪炮、弹药，弄多了，我不嫌多，弄少了，我不高兴，没弄着我可就要骂娘了。”

通过各种行动路径，独立团不久就成了一个精英团队。

再拿我们的新品牌来讲，如果今年要销售 5000 万元，5000 万元是怎么来的？靠什么样的方式实现？比如说线下开 10 家实体店，线上开 100 家隐形店用外卖来做，堂食方面发力来实现多少。所以说，销售路径一定要非常清晰。

再拿我们的新品研发为例，如果我们今年有一个目标是新品要获得消费者评价分值在 4.8 以上，实施的路径就要有这样几个：第一，产品研发的方向是什么要很清晰，是温食还是轻食？第二，产品研发结果的评估谁来做？什么时候做？如何做？第三，产品研发出来之后，市场销售的验证分析如何做？如何做快速调整？只有这么清晰的路径匹配到新品研发，才可能把它落在实处。

组织与人才是战略落实的车和驾驶员

如果我们把战略目标比作一段困难旅程的终点，把行动路径比作我们要选择的路，那么组织与人才就是车和驾驶员。我们这条路是困难和崎岖不平的，火车很快，但无法使用，这就需要找到匹配的车和驾驶员。

这就像初建的独立团一样，李云龙手里有了武器装备、有了粮食补给、有了大量的兵员，那么如何组织利用这些资源，如何调配这些资源，这就需要组织与人才了。

在李云龙看来，在资源短缺的情况下，骑兵部队是可以发挥出远远超过普通步兵团的战斗力的。骑兵的机动性很强，这是骑兵的优势。于是他从敌人那里抢来一支骑兵部队，组建了自己的骑兵连。可是没有人带队怎么办？后来李云龙用五挺机关枪从丁伟那里换来了孙德胜任骑兵连长。

李云龙为了提高独立团的战斗力，和政委赵刚商议组建一个加强排。这个加强排是由会功夫的小伙伴组织起来的，平时抓训练，战时像利剑，可以直插敌人心脏。这里面有一个小细节，李云龙和赵刚本来是商量这件事的。赵刚说："这主意不错，这事你尽快去办！"而李云龙桌子一拍，说："不用尽快，我现在就去办。"说干就干，从不拖泥带水，这就是执战力。

还有，李云龙想方设法拉拢各种人才。比如，初建独立团时他向上级要回了张大彪。张大彪打起仗来就像打了鸡血一样，十分勇敢，所以李云龙需要这样一位猛将。后来，李云龙还吸收了大量的人才，像狙击精准的政委赵刚、会功夫的魏和尚以及后来的段鹏。这些人才不仅成了李云龙的得力助手，也是独立团的精锐力量。

到这个时候，李云龙的整体布局已经基本完成了。

话说回来，对于企业来讲，组织匹配就是沿着目标在架构、流程和激励方面提供对应的管理措施。

架构方面相对简单，就是组织架构，需要匹配的是一个独立团队，还是在某一系统之下的一个部门。这就像独立团的骑兵连、加强排一样。如果是独立团队，开始应该需要什么样的配套组织架构。经过新品牌这件事，我认为一个新品牌，更应该按照创业公司的架构来做。

创新品牌其实是从 0 到 1 的问题，从 0 到 1 的做事方法，跟我们已经经营了 20 多年的餐饮连锁的经营方法是不一样的。你在经营从 0 到 1 的方法，跟你在突破从 1 到 100 的方法，跟你在经营从 100 到 1000 的方法是完全不一样的。比如在架构设置上，除了营运外，其中有三个部门（当然也可能是一个专业人员）一定要放在团队负责人之下，由其独立管理。这三个部门是开发、市场和新品，因为这三个部门与业务实现结果有着非常紧密的联系，如果以支持的角度来设置，就会在效率和效果上大打折扣。其他类似财务、工程、人资、采购等可以采用支持或社会化的方式来设置。

流程方面以精简高效为主。大集团公司对于创新型的业务或者新品牌，在流程上一定不能照搬大企业，尤其是与业务有直接关系的流程。如果放在一起会产生两个重要问题：一是会导致效率低下。大企业流程往往相对烦琐，因为它要规避风险。尤其对于餐饮企业而言，一个小的失误（如食品安全）可能让公司陷于极度危机状态。这对刚刚创业的新业务而言，就会严重影响效率。二是会产生“大哥杀死小弟”效应。因为大企业往往有更大的、更成熟的品牌，各部门在服务时都是优先保证重要品牌和重要业务（这也是很正常的），会把新品牌放到最后，这就会更加导致效率低下。新品牌就像一个成长的孩子，要让它“野蛮”生长一段时间。

激励措施方面，新品牌是全新的，就像一个人去创业，失败概率十之八九；成功的往往有着巨大利益或使命驱动，能够让创业者忘我地努力。这个激励和使命必须让创业者愿意付出比常人多 10 倍的努力才能够成功。因此，对于新品牌的激励方式，如果采用公司绩效管理的逻辑，是有问题的，必须采用创业者的激励措施。具体讲就是要采用“股权 + 分红权”的方式，要让他看到品牌做成功后其预期收益会有多大，让他投入进来。

人才匹配核心是讲为新品牌负责人及配套的人才提供支持。核心是品牌负责人的匹配。新品牌既然是新的，就需要让创业型的人才去做。创业型人才有这样几个特点：

一是要有亲力亲为的精神和行为，在创业初期要泡在一线解决实际问题，而不是当甩手掌柜。二是要有强烈的想成功的愿望并愿意为之而奋斗，也就是要有强大的原力。三是要有做生意的头脑，是个生意人，而不是职业经理人。四是要有顽强的抗压力，具备屡败屡战的精神。

品牌负责人是团队执战力推进的核心。新品牌虽然是在集团公司之下的，但在创业期间同样面临着资源不足的情况，同样要求品牌负责人有很好的执战力。

另外一个与业务有密切关系的关键是人才要配好。比如新品牌，我们认为它有很强的互联网基因，但我们在互联网这方面的人才不足，导致不能完全给新品牌匹配比较理想的人才。

共识和动员是车的电瓶，有了它才能点燃团队热情

战略目标、实施路径和组织、人才匹配完成以后，接下来就是动员与达成共识。

为什么要进行动员与达成共识？因为很多的时候，研究战略目标和行动路径时都是在公司的高层，但是具体的操作人员，尤其是基层人员，对这件事情的理解可能并不那么深刻，甚至什么都不知道。

例如，这次做新品牌，我们非常多的店长不愿意卖新品牌。他们认为报损率比较高，在吃他的利润，不卖的话就不会有损失了。从做新品牌的出发点和方法来讲，如何把这个产品销售出去，成为餐

厅的一个加分项目，一开始大家并没有共识。最终导致有的餐厅卖得好，也有很多餐厅进入了恶性循环。所以说战略目标的共识非常重要，要做到上下共同做一件事。

我们看《亮剑》，为什么李云龙愿意跟赵刚做搭档？有人可能会说赵刚的枪法好，也有人会说赵刚办事不死板。但我认为最主要的一点是，两个人在小事上不管怎么吵，在大事上都会形成一种共识。李云龙当初带人去打平安县，本身就违反了部队纪律，但是赵刚却和他想到一处去了，他认为打平安县是有利于独立团发展的。如果自己当时在，也会跟着独立团一起干，即使是撤职处分也不在乎。这两个人是真心想把独立团带成嗷嗷叫的野狼部队。这是共识。

再说动员，我觉得李云龙做战前动员是最有激情的。李云龙在每一次战斗时做战前动员，字字句句都能抓住重点，很鼓舞人心，能让手下的战士热血沸腾。比如说，独立团初建时，李云龙这样说："咱独立团就是一群嗷嗷叫的野狼，吃鬼子的肉，还要嚼碎他的骨头！狼走千里吃肉，狗走千里吃屎，咱独立团啥时候改善生活呀？就是碰上鬼子的时候！"

这样的动员，简洁明了，不讲废话、大话，更不讲什么大道理。手下人听了，就消除了恐惧感，信心也上来了，团队的士气自然也高涨了。

回顾我在新品牌动员大会上的动员，我也是采用这一方法，同时主要强调了这样三点：一是要把我们要干的整个事情宣传下去；二是我们要描绘做这件事情的愿景，让大家有信心并愿意去做这件事情；三是看一看在执行过程当中还有哪些细节需要安排。

总的来说，达成共识和动员最终的结果是，战略涉及的所有人员能够实现“齐步走”，能够同步协调。正如拉姆·查兰在《执行》中指出的：

> 同步协调对于执行过程和组织激励都是非常重要的。同步协调意味着组织中所有在不停变动的环节对外部环境都有着相同的假设，并对各自的行动方案有着无言的默契——左手知道右手在干些什么。同步协调还意味着将各个相互依赖的环节的目标协调起来，并将它们与整个组织的目标之间建立联系。当环境发生变化的时候，同步协调就会对各个环节的工作进行协调，并对资源进行重新分配。

复盘是战略执行的加油站

上面我们都是在讲战略的目标设定、组织和人员匹配、共识的达成和动员。这都是准备阶段，这些做好了，成功率只有50%，重要的更在于日常的实施。在实施过程中复盘是保证朝正确方向行走的重要步骤。

复盘要根据战略的执行阶段和情况，分为日盘、周盘、月盘、季度盘和半年盘。开始阶段要从日盘、周盘开始。关于如何复盘有太多的方法大家可以借鉴，基本原理就是 PDCA 循环。也就是说：计划是什么，做得怎么样，有何反思，如何改进。

复盘之后，在原假设计划执行不通或者条件不具备的情况下，要有及时应变能力，还要知变通。

我们看独立团为什么很少打败仗，因为他们失败一次就会做一次分析、做一次反省、做一次复盘，并及时做出改进和调整，不给下一次失败以机会。所以复盘是很重要的，它是战略执行的加油站。

执战力领我走出失败的阴影

如果说执行力是成功的基础，那么执战力就是加速成功的助推器。我在网上曾看到过这样一个故事：

> 一群老鼠为了提防猫的偷袭，大家建议在猫的脖子上挂一个动静大一点的铃铛。这样猫一过来，铃铛就会发出响声，这样大家就可以及时逃跑了。大家都觉得这是一个非常好的主意，但是谁去给猫的脖子挂铃铛呢？这个问题一提出来，所有的老鼠都不说话了，因为没有老鼠敢去做这件事，这件事最后也就不了了之了。

为什么会这样？我认为，这主要是因为老鼠缺乏执行力的果决和战斗力的勇气。当你拿出你的执战力的时候，你的任何设想都是有可能成功的。关于这个观点，我是有亲身体验的。

我们的“野叶子”

与两位我们投资的创业者合照

后来，我们没有放弃新品牌，在总结好方法之后，决定将全新的套路用在“野叶子”和其他新品牌的建设上。

首先，我们重新建立独立的团队，公开招募创业人，找好“创业者”。让有意创业的人进来，专人专职，由他来组建团队，集团公司所有资源可以使用。自己单独找人也可以做，从而保证创业的最大灵活性。

其次，开放股份。创业者同时也是合伙人，可以持有公司股份，从而变成真正股份的持有者。

因为创业者属于稀缺资源，所以我们对外搭建投资平台，投资有潜力的初创企业，让他们能独地立地运作公司；同时通过我们的平台结合供应链、财务支援、人工 ERP、CEM 支持他们大刀阔斧地去做。（有兴趣的伙伴可以去我的微博留言给我，我们一起探讨这个问题。）

最后，在运营过程当中，由创业团队决定自己需要的流程和组织，可以不混在大企业的整体架构和流程中，从而避免大企业病。

准备好之后，创业者要拿出他们认为可行的商业计划书，由公司决策是否由他们带领大家实现突破。这个商业计划按照执战力的套路，包括战略方向及目标、路径、组织和人才规划，如何做团队动员，自我的复盘安排，等等。

至此，公司新品牌走上了正确的道路。

执战力越强大，
效果越精进

我自己创业经历了很多事，从中我明白了执战力的重要性，也在公司全面推行执战力。如今执战力已成为公司文化的一部分。

我用这个力分析很多年轻的创业者，发现很多人创业不成功，主要原因就在于没有很好的执战力。但在我认识的创业者中，有一个非常年轻的女孩子，她身上的执战力却让人敬佩。也正是她果断的执战力再加上她强大的原力，让她年纪轻轻便有了令人羡慕的成绩。这个女孩子就是张萌。

在我眼里，这位漂亮能干的女孩子，更像是一个拼命的女汉子。她是无敌学霸，曾获英国语言文学与经济学双学位，后保送留校，直博攻读功能语言学和脑认知心理学博士学位。

2013 年，张萌从北京师范大学毕业。当年张萌和朋友们一起兴办了第一届创业研习营，由于有几十位中国港澳台地区青年参与其中，我也受邀讲课。经人介绍，我认识了张萌。她给我的印象就是特别热心，是个可爱的青年领袖。她当时已经做了很多青年活动，我觉得她年纪这么小，能有这么好的利他精神，一定是一个有追求的女孩子。后来每一年，我都会参加她主办的青年大会。

2015年7月25日，她和我说想在做公益和教育事业的同时做咖啡。她把自己对咖啡的热爱，自己对未来的想法，详细地向我做了阐述。其中给我印象特别深的是，她说马上会在北京开6个分店，并且要进驻西安。我问她模型打磨得如何，经营管理怎么弄。

虽然当时她的愿景、使命、激情深深打动了我，但她对整个经营管理的规划听起来应该是一窍不通的，又让我暗暗替她担心。于是我就把我是如何引入吉野家、DQ，并把这些品牌做到今天，在这个过程中的成功经验、失败教训以及心路历程都拿来跟她分享。最重要的，是把我经营餐饮从0到1的过程跟她讲了一遍。她特别细心地聆听，并且也问了很多有建设性的问题。

为了让她不要盲目乐观，慎重投资，我最后间接地跟她讲，因为互联网的冲击，餐饮门前人流会有大的下滑，特别是临街店铺会受到人流下滑的重大影响，所以开店要慎重！同时我告诉她，集中管理一定比分散管理要好。

临走前，她向我求教管理和运营上的问题。我就把我们内部的一个训练体系手册送给她，希望对她有帮助。其实当时我的内心是不建议她开店的，但觉得这个决定还要她自己来做。听道理是一方面，能悟出道理是另外一方面。有时候有些坎儿不自己跳过去是没

2016 年的张萌　VS　2019 年的张萌

有深刻理解的，还是要在事上练才行。

年轻人最大的资本在于不怕失败。虽然我谈了意见，张萌自己还是决定尝试一下。很快，她就在北京开了 6 家店，也在筹备在西安开店。后来因为经营上的困难，还有管理水平达不到，很多店都关掉了。在她这件事上，我总结了这样一句金句：“没有套路的执战力是蛮干，有套路的执战力是实干。”在这件事上，她体现了非常好的执战力，但由于缺少套路和方法，最后没有达到目标。

张萌有一个非常厉害的地方，就是她特别善于总结经验。几家店做完后，她马上进行了总结和分析。她发现自身的优势还是在线上，做门店并不是她的专长。于是她果断地开始关店，只保留 798 艺术区的一家店铺，用于自己的教育项目。从 2016 年开始，她把所有精力都放在了教育项目上，也从过去的 To B 变成 To C。这也是我讲执战力中的复盘，复盘后认为不对的就要迅速调整。

接下来，她重新调整了自己的战略方向。这次她经过深度思考和分析，转向以立德为载体，做互联网大学，把帮助青年人成长和创业作为自己的志向，在具体路径上逐步打开青创客学员通路、需要的课程通路、青年导师通路、个人品牌打造通路。所有这一切都要把线上和线下进行有机地整合，她也制订了一个非常清晰的计划。从执战力角度，她完成了战略目标和路径的重新选择，而且更加有套路和专业。

自此张萌完成了一个华丽转身。一开始以 To B 为主，后来她转变思路，通过LEAD立德领导力载体服务年轻人，决定在微信里做语音课，接着自己打造个人IP，然后开设线上的课程、线下的课程，等等。这一切都是她在短短两年内完成的，现在可以说是非常成功的事业了。她目前个人粉丝量已超过1000万，成为内地非常有名的青年导师。这两年内，她完成了常人难以完成的一系列工作，体现了她强大的执战力。

基于个人强大的执战力，她现在已经是资深创客了。身兼LEAD立德领导力、青年加速器（极北咖啡）、职场知识技能分享平台（下班加油站）这三个品牌的创始人；获得“首都十大教育新闻人物”的称号；她更是内容大王，曾经连续出版10本书，坚持每年写一本书。她的《人生效率手册》被英国前首相卡梅伦、Facebook首席运营官谢丽尔·桑德伯格等名人推荐。

她的这些成绩完全不像大学毕业6年取得的，但从我与她打交道的点点滴滴中，可以看出她对于认准的每一件事是如何用顽强的执战力来实现的。

张萌顽强的执战力不仅体现在工作，还体现在其他方面。

2016年，张萌的工作压力特别大，甲状腺出现了问题。她自己特别担心，我们也沟通过，没有健康的体魄是没办法继续实现自己的理想。原因在哪儿？就是创业的忙碌，生活不规律，导致甲状腺病变。那时候她纠结了很久，要不要把甲状腺切除？

后来，她决定通过甲状腺这个问题，为自己制定一个详细的修复计划，包括制订科学食谱。从以前不吃饭到每天按照碳水化合物、蛋白质和脂肪配比来规划餐饮，并保持每天摄入适当的维生素。

我和她做了深度交流，分享了我自己的经历。我小时候身体也特别不好，有严重的过敏症。后来我通过足够的运动、休息，还有饮食来调节，才变得越来越好。我把我的饮食习惯与她分享，包括制作蔬菜水果混合的能量水以及整套健康食谱，这让我保持非常好的精力。同时也把我练泰拳、晚上打坐等习惯分享给她，包括一定要在 12 点钟以前睡觉，睡前一个半小时不要看手机，要静静的。听了我的建议后，她开始制订计划并实施。

她先是跟我一起运动——打泰拳。第一次训练时，她没练几下就要晕倒了。还记得那次练完，我给她加油："张萌，你知道吗？你很厉害，一定可以！"但真实的情况并不是这样。她当时浑身虚弱，脸色煞白，连运动包都提不起来了，只能坐在那里大口地喘气。

后来我又陪她陆续练过几次，她也参加了我的"洪门"训练。在我们"洪门"，打拳是其中最重要的训练内容之一。最初，她真是累到崩溃。每次坐在地上喘粗气，都告诉我她快不行了，心脏也受不了。她处于崩溃的边缘，甚至担心第二天爬不起来……

其实，这种担心完全是多余的。一个人只要坚持，一切就会慢慢变好。后来每隔半年，她就约我再次训练，让我看看她的进步。直到有一次，我为她鼓掌，因为我推荐了很多年轻人练习泰拳，只有她坚持下来了。

后来，我建议她不要止于最基础的体能训练，还要向更专业化的道路前进。于是她把最初的教练慢慢换成专业的拳手，再换成专业级竞赛教练。训练环境从普通拳馆到专业拳馆，再到冠军训练的场馆。她会刻意与冠军一同训练，观察他们是如何被锻造的。最后，她完全可以承受住他们的训练强度了，此时的她离专业化的道路也不远了。她的这种坚持，也让她的事业离成功不远了。

直到 2019 年，她还继续坚持。我看她越来越好，精神越来越棒，内心为她感到高兴。在张萌身上，我看到了执战力的完美体现，定好目标后，无论多大困难，条件多么不具备，都能够义无反顾、全力以赴地去做。她是我认识的年轻人当中最厉害，也最能坚持的一个了。

执战力修炼方法一
修人先修己

修炼执战力要先从自己开始，修人先修己。在这方面，我觉得武打巨星李小龙就是一个很好的典范。

作为武侠文化重要的输出地，中国香港是李小龙曾经生活的地方，我和父亲都是李小龙的忠实崇拜者。我看着李小龙的影片长大，后来我喜欢武术、喜欢泰拳，都是深受李小龙的影响。那时候，满街的放映厅都播放着李小龙的影片，我有时候会旷课去看李小龙的电影。尽管父亲对我的旷课行为颇有怨言，但他也喜欢李小龙，所以我也因此逃过很多责罚。

很多年过去了，我开始管理自己的公司。在这个过程中，我把李小龙的文化精神也运用到了公司的管理日常中。

现在，我开始研究“六力理论”，而这个“六力”中的执战力，在李小龙的身上体现得很完美，我有必要和大家讲一讲。

我说过执战力最终是要在团队当中得以体现，在这之前，首先作为个人要有非常顽强的执战力。那我们个人如何来修炼自己的执战力呢？我们可以按照之前总结的套路来进行。

确定方向：你的方向在哪里？

我们先要找一个方向进行训练，这个方向不是带团队的。比如说可以是减肥、锻炼，等等。这个方向是自己一直想做，但由于种种条件不足而没做的。有方向后要确定它相应的衡量指标，定一个相应的指标值。

我在研究李小龙时也看到了这一点。那时李小龙虽然功夫了得，也很想在好莱坞闯出一番天地，可是在电影界，他毕竟还只是个新人。

他虽然进了好莱坞，但发展得并不理想。可谓是非常落魄，前路晦暗不明。但李小龙没有放弃，他满怀信心地在事业徘徊不前的煎熬中写了自传——《我的明确目标》，以表达自己的宏愿和不屈不挠的斗志。

他这样写道："我，布鲁斯·李，将会成为全美国最高薪金的超级巨星。作为回报，我将奉献出最激动人心、最具震撼性的演出。从 1970 年开始，我将会赢得世界性声誉；到 1980 年，我将会拥有一千万美元的财富，那时候我及家人将过上愉快、和谐、幸福的生活。"

这就是李小龙的发展方向。最后李小龙靠着执着的坚持和过硬的功夫打开了好莱坞的大门。我们想修炼自己的执战力，也要像李小龙一样，先确定好方向，这样你才有目标。

行动路径分解：用什么方法达成？

我看过李小龙的所有影片，其中《青蜂侠》是李小龙在美国最早的影片。那时他只是一个跑龙套的，但是因为他的打斗动作非常帅，很受美国人的崇拜。可李小龙仅凭这一点，还是不能成为好莱坞的主角。

于是他将自己的行动路径进行分解，先转战到中国香港，因为当时香港很多电影公司都知道李小龙的大名。最终李小龙凭借《唐山大兄》和《精武门》一举震惊世界。好莱坞终于向李小龙伸出了橄榄枝。于是李小龙第一次在好莱坞的电影《龙争虎斗》中担任男主角。《龙争虎斗》在美国放映，取得了惊人的票房，在票房上击败很多同期上映的一级好莱坞大片，李小龙也成功登陆好莱坞。

我们在达到目标前，也要像李小龙一样，先对行动路径进行分解，然后再想方法完成。

组织与人才匹配：需要什么人帮助完成？

早期李小龙回到中国香港，想出演男一号，当时的大导演罗维也很欣赏他，有心让他担任自己新电影的男一号。但是罗维导演的决定，遭到了其他人的一致反对。为了说服大家，罗维只好通知李小龙来公司，并问他："你需要多少时间参透剧本？"李小龙以少有的严肃而认真的口吻说："1 分钟。"

在这"1 分钟"内，李小龙来了一段即兴表演。虽说表演内容和剧本不太一样，但他却把主人公的性格演绎得活灵活现。这个"1 分钟"感动了罗维，同时也征服了在场的所有人。于是，他顺利地成了罗维新影片《唐山大兄》的男一号，并创下了当年香港的票房纪录。

想要达到目标，我们也需要有像罗维这样的人来支持自己。

共识与动员：怎么样取得支持？

李小龙的妻子琳达一直在背后默默地支持着李小龙的电影事业。她曾这样评价李小龙："李小龙一直认为自己还有很长的路要走，他还有很多的事要做。对于中国人来说，他们要向世界展示的也只是刚开始而已。他为自己是一名中国人而感到自豪，他希望通过电影向世界展示中国的部分文化。"有了家人的支持，李小龙的事业自然突飞猛进。

在追求目标时，要达成共识与动员。动员关键是要动员自己的家人，让自己一定要横下心来去做。这件事情同时与谁达成共识呢？与自己的家人达成共识，让他们支持你，从各个方面给予你很大的支持。

做好复盘：需要哪些地方做调整？

李小龙能创立截拳道，与他的不断自省有很大的关系。正如他所说："拳术的形式，只是整体里面的一部分而已，任何一种形式，都需要纠正、分析、否定、废弃，并且还要下过许多自省的功夫。"在达到目标后，我们需要每天进行自我反思，找出需要调整的地方。

执战力修炼方法二

抓具体项目修炼

执战力最终一定要回到团队中进行训练。团队执战力的训练和个人执战力的训练方式一样，同样按照前面讲的五个方面的套路实施，但团队执战力在训练的时候也是要回到具体的项目上去。就像我们之前谈的新品牌一样。它可能是一个具体的项目，比如说信息系统项目，或者新品研发项目。我们都可以此锤炼自己，按照之前讲的套路一个个地练下去，最后让团队的每一个人都很清晰地知道要形成执战力。

我们在管理公司时，仅有计划和目标还是行不通的。管理不是概念化的东西，而是要实实在在摆在企业面前的，其贯彻执行需要有相当强的执战力。如果只是纸上谈兵，那是不可能实现的，我们需要有效调动资源，协调各方面的关系，共同完成这件事。

执战力修炼方法三
把执战力变成文化

让执战力成为一种文化，你自己带团队也好，或者是开公司创业也好，逐渐通过一个个项目，让执战力成为团队血液中的一部分。当执战力变成了文化，很多事就成了习惯和自然。

平时我告诉公司伙伴要多学习，要多向名人学习，这样才会更多地了解企业文化的内涵。像古代的范蠡、管仲，现代的任正非、马云，都是我们要学习的人。近代的人中，我推荐公司伙伴多学习曾国藩，因为他本身是一介儒生，却很会打仗。他既没有上过军校，也没有接受过什么正规的军事训练，可是他却训练出了铁打的湘军，把当时席卷半个中国的太平天国给打败了。他有自己的套路。有套路，我们就要学习。

我曾多次试图从有关曾国藩的文字介绍中寻找一些他的套路，可是一直没有成行。后来曾国藩的书读得多了，我慢慢从中悟出了一个道理。他成功打造湘军的秘密是靠“同”道，志同道合。我想这也许就是曾国藩运营湘军成功的企业文化吧！

当年清朝的绿旗兵和太平天国的军队征战时，总是输得多赢得少。曾国藩把这个事情拿到台面上开始分析。他认为："大营所调之兵，东抽一百，西拨五十；卒与卒不和，将与将不和……离心离德，断不足以灭贼而成大功。"他认为，人与人之间离心，是打败仗的主要原因。

古人说得好："千人同心，则千人之力；万人异心，则无一人之用。"人与人之间如果"和"，那一千人就会产生一千人的力量，甚至是更大的力量；如果不"和"，那一万人也不如一个人的作用。我们做公司也是这样，我们整个公司就是一个大家庭，每个人都是这个家里的一分子。要想让这个家好，我们彼此之间就得相互信任，相互帮助，默契配合，这样才能使公司这个大家过得好。

我在做公司时，一开始就是要求大家做好团结，从上到下，从老板到公司伙伴，都要团结。我知道只有"人和"，才能把团队拧成一根绳，团队才会有阳光力，才会有好的执战力，才会形成最终的幸福力。

后来，曾国藩自己在组建湘军时，为防止兵与兵之间不和，他没有采用当时的"世兵制"，而换了一个新办法，即招募制。也就是说，将军招收自己手下的统领，统领招收自己手下的营官，营官招收自己手下的哨官，哨官招收自己手下的什长，什长招收自己手下的士兵。这样一来，虽然是政府出军费，但“勇丁感营官挑选之恩，皆若受其私惠。平日既有恩谊相孚，临阵自能患难相顾”。大家都有了感恩之心，心往一处想，劲往一处使，一个团队就被打造得结结实实了。

和曾国藩的同乡观念一样，在过去几年我们在寻找骨干伙伴时，很多是从朋友圈介绍过来的。一般是能交上朋友了解一段时间及好的核心伙伴推荐，才招进来。不知根知底的，再有才华也是不行的。通过朋友介绍，我们能提前知道这个人的价值观是否和我们一致，他的人品怎么样，他的整体工作能力怎么样。这样，他能提前融入我们的团队里面，使大家的愿景、使命、价值观能够保持一致。

我们在打造执战力强的团队时，有了愿景使命以后，再分解到每一个行动方案更容易实行。因为这些行动方案都是支持我们的愿景和使命的，所以战略方向和战略目标达成一致的意见更容易，并且能更好地动员大家完成。

我觉得曾国藩的老乡观念也是很强的。他招收的士兵多是同乡同里的人，这样的结果是，这些人话能说到一起，生

> 活习惯还差不多，更易于管理。同时曾国藩还规定，招兵时要有人担保，要写好保证书。凡无保者，是不收的。这样，大家从上到下都非常熟悉，彼此也更容易信任，大家都做到荣辱与共，不抛弃不放弃。这些“呼吸相顾，痛痒相关，赴火同行，蹈汤同行。胜则举杯酒以让功，败则出死力以相救”的“死党”，成就了曾国藩，最终攻灭太平天国。

我们在做一件事时，也应该像曾国藩管理湘军一样，只有志同道合，才能共患难，同时也能共享成果。我们公司推行的“共享制”就是一个最好的实证。我们还会通过赛马的方法，把每个小伙伴的个人贡献情况摆到台面上来。这样的做法也的确取得了很大的成效。一支部队、一个团队，乃至一个国家，都应该这样去做。这是什么？这就是我们的企业文化。

我多次跟小伙伴们说过，我们要打造具有执战力的团队，就要建立起执战力文化。

什么时候执战力变成了文化？我们可以从以下几个维度来看：

你团队或者公司的所有人都很清晰明确地知道执战力的落地套路，每个人讲起执战力都知道五条修炼法，并能够自觉应用。

我们每个人能自觉地参与到执战力的项目当中去，每一个人除了自己所做的项目，也能成为别人项目中的一部分，或者参与到公司层面的项目中来，并能很好地完成自己的工作。

大家不再因为条件不具备而抱怨，因为在当下多变的环境之下，我们很多的时候没有过多的资源给大家，都是在资源不足的情况下，通过顽强拼搏达成的。

最后，我希望大家通过这些修炼能够实现自身及团队执战力的大幅提升。

执战力金句

- 不仅要低头拉车，还要抬头看路。
- 不仅自己能干，还能调动组织资源。
- 不仅有热情，还要有套路，能行动。
- 不仅能做事，还要善总结。
- 不讲如果讲结果。

请反思：你的团队执战力如何？

____

____

____

____

洪老师执战力修炼清单

清单 1：战略方向研讨表

方向	关键内容	重要发现
行业前景		
竞争态势		
市场容量		
顾客调研		
差异化优势		
关键结论		

清单 2：战略目标与行动路径表

目标	衡量指标	目标值	分解	行动路径
目标 1				
目标 2				
目标 3				
目标 4				

第五部分

格局力

高度

敢做势头上的冲浪者

只有了解自己、认清世界，

才能找到自己的“机会点”，

我们应时刻修炼两个能力：

认清趋势的能力，

审时度势把握世界的能力。

我记得雷军说过这样一句话："站在风口上，猪都会飞。"这在很多人看来，成功是很容易的，于是我们会看到一群人疯狂地寻找着各种风口。结果风口是找到了，但因为猪太多，风口也被堵死了。

我觉得这是人们对风口的一种误解。首先，你得学会判别：这个是真风口，还是假风口？这个是一个瞬间的风口，还是长期风口？风口的高度跟广度，你心中有数吗？还有多少"猪"也偷窥这个风口了？这个风口跟你自身能力是否匹配？这些都会影响你是否能飞起来。

创业成功的本质是找到风口，这句没有毛病，但是你要顺势而为。顺势而为，借势成事，作势得利，那这个势是什么？我们如何看待这个势？

国庆阅兵有感
大格局下的大中国

以前我对所谓的“势”理解并不全面，或者说是没有站到一定的高度上，直到我参加中华人民共和国成立70周年国庆群众游行，我才有了新的体会。在感受到祖国越来越强大的同时，我也终于悟出了很多道理。这里与大家一同分享。

国庆阅兵有感

2019年，在庆祝中华人民共和国成立70周年之际，我有幸参加了北京天安门国庆阅兵及群众方阵游行活动。在这次活动中，我经历了从彩排到正式演出的全过程。其间经历很多感人肺腑、令人难忘的事情，让我切身感受到祖国的日益强盛和民族的伟大复兴。

10月1日上午10时刚过，我和群众方阵的伙伴们就快速到达北京东长安街旁集结。当时我能以很近的距离看到我们的军事装备。

国庆 70 周年群众游行通过天安门

一列列整齐划一的方队、一辆辆装载着先进武器的车辆在我的眼前经过，头顶上还有呼啸掠过的战斗机群……我们这些小伙伴完全忘记了自己熬了一夜的疲惫。我和大家一样心里无比激动，我们伟大的祖国，经过了70年的磨难、发展、强大，宛如一位伟大的巨人正巍然屹立于世界的东方，成为全世界瞩目的焦点。作为伟大祖国中的一员，我们现场的每一个人都感到无比自豪。

当我看到整齐的方队、威武的战车从我眼前经过时，我想到了中华人民共和国成立初期。那时我们的受阅装备很多都是缴获的杂牌武器，被戏称为“万国牌”的装备。而我们的飞机更是少得可怜，只有17架，飞机不够怎么办？那我们就绕圈飞，飞过去再绕回来接着飞。70年来中国有了翻天覆地的变化，再看我们现在的阅兵，仅方队就达到了59个，总人数约1.5万人。包括现代化的装备预警机、指通机、战斗机、各种保障飞机，东风41、长剑－100、无侦－8在内的一系列先进武器首次公开亮相。这是多么大的进步！

新中国成立以来，特别是改革开放40多年来，通过全国人民的共同努力，中国有了翻天覆地的变化。中国崛起改变了世界格局，世界变化也给中国带来了新机遇新挑战。

我们都知道世界格局是世界上主要政治力量通过多次博弈而形成的一种结构。这是一种暂时的平衡，但又处在不断发展变化之中。中国的改革开放，特别是过去10年中国的发展逐渐打破了这个相对稳定的状态。10年以前，我们在国际上没有太多的话语权，而这种过去的国际秩序正在被中国的快速崛起打破。世界格局已经进入全新的洗牌时代，中国俨然已经成了世界强国。

今天，中国特色社会主义进入了一个崭新的时代。今天的中国，提出推动构建新型国际关系、推动构建人类命运共同体、共建“一带一路”等一系列重要理念、倡议，为维护世界和平、促进共同发展贡献了中国智慧和中国力量，这个力量势不可当。当我参加“一国两制”方队游行的时候，让我感触最深的不是装备，而是习主席的讲话。习主席说：“没有任何力量能够撼动我们伟大祖国的地位，没有任何力量能够阻挡中国人民和中华民族的前进步伐。”是啊，今天的祖国，历经70年的建设，在实现“站起来”和“富起来”的目标后，我们已拥有更加坚实的基础。站在一个新的历史起点上，我能感受到真正的中国力量，我也看到了我们蒸蒸日上的国运。

当我随着“一国两制”群众方阵经过天安门时，当我们每一个人都振臂高呼“祖国，我爱你”时，我们的脸上都洋溢着灿烂开心的笑容和激动的泪水，我能深刻地感受到今天的人民生活有多么幸福。这一切都得益于我们国家的强大。我们的民众空前地团结，我们的各行业蓬勃发展，人民生活水平显著提高。作为群众游行方阵的一员，我深刻地感受到中国人发自内心的欢愉、自信和骄傲。没有我们国家的强大，就没有香港的顺利回归。我们“一国两制”方阵向全世界展现了新时代港澳同胞的时代风采，展示了我们最真实的爱国之情。

今天的辉煌，是多少人为了民族独立和人民自由幸福献出宝贵生命换来的。我们有责任把他们不怕流血和牺牲的精神，一代一代传承下去。

参加完阅兵庆典后，我的内心久久不能平静。我们的国家迅速发展，不仅改变了自身面貌，也改变了世界经济格局。中国已经成为世界经济的发动机和稳定器，促成了全球百年未有之大变局。经过这么多年的砥砺前行、艰苦创业，才拥有了现在令人刮目的成就。这让我不禁感慨，当年的祖辈需要怀抱多么崇高的理想、宽广的格局，才会坚定必胜的信念，做出人生和国家的重大抉择呢?

当今世界，是一个变革的世界，新机遇新挑战层出不穷；当今中国，与世界的关系正发生深刻变化，同国际社会的互联互动空前紧密。

我们看清了前进的方向，走向了更辉煌的道路。

回顾过去，中华人民共和国成立之初，我们的国家满目疮痍，百废待兴。当时我们工农业不发达，科技水平严重落后，可以说是一穷二白。后来，经过第一个五年计划，我们才实现了国民经济的快速增长。

1978 年国家开始实行改革开放，我们迈出了历史性的脚步。到如今，我们的改革开放走过了 40 多年的路。在这个发展过程中，我们走进了家庭联产承包的土地，走进了个体户的摊位，走进了民营企业家的办公室，走进了股票交易所，走进了互联网的新时代。

万物生长，云雾初开。这是最好的时代。在这40多年的发展历程中，我们的企业家在中国的大潮流、大趋势下也走过一代又一代。

1978年至1988年，是中国企业家的初创时代。这个时候很多人开始摸着石头过河。1984年王石组建了“现代科教仪器展销中心”，也就是后来的万科。同年，海尔的张瑞敏从体制内跳到体制外，出任海尔的前身青岛电冰箱总厂厂长。1987年，任正非筹集21000元创立了华为。

市场经济的开启是机遇，也是趋势，但在计划经济和市场经济并存的情况下，我们也看到了当时市场的混乱无序。这也许是第一代企业家创业的时代大背景。

1988年至1998年，下海的人越来越多了。“改革开放胆子要大一些，敢于试验，不能像小脚女人一样。看准了的，就大胆地试，大胆地闯……没有一点闯的精神，没有一点‘冒’的精神，没有一股气呀、劲呀，就走不出一条好路，走不出一条新路，就干不出新的事业。”邓小平视察南方谈话成了一道分水岭，市场经济体制也正式登上了历史的舞台。

1988年，柳传志从中关村来到香港，用手上的30万港币创立了香港联想，走出了一条通往海外的新路子。1991年，以冯仑、潘石屹为首的“万通六君子”，跑到海南淘金，也初尝了成功的味道。1993年，王卫在广东的顺德成功注册了顺丰。

在那个黄金时代，市场有很多的空白。作为内地现代企业的试水者，柳传志、冯仑等人带着鲜明的时代色彩，在国家政策的号召下，完成了从体制内到体制外的一次华丽转身。

当时年仅 23 岁的我毕业回国后正准备创业。那时我对国内市场的运作体系、商业环境、人员结构和需求都不熟悉，国内各方对我们归国人员也太不了解，这让我碰了不少壁。幸运的是，我抓住了中国改革开放激发的能量、带来的机遇，并走到了今天。

1998 年至 2008 年，这是一个互联网的时代。门户网站的兴起，也让互联网这棵小苗开始萌发。1998 年，张朝阳的爱特信公司更名为搜狐公司。这一年王志东创办了新浪。这一年马化腾与他的同学张志东一起注册了腾讯。1999 年，携程网的梁建章在上海瞄准了旅游产业。这一年 26 岁的陈天桥向人借了 50 万元创办了盛大网络。这一年英语教师马云回到家乡杭州，在家中成立了阿里巴巴。2000 年，丁磊的网易公司在纳斯达克正式挂牌上市。同一年李彦宏放弃博士学位从硅谷回到中关村，创立了百度。

这 10 年，从门户到网游，从搜索、社交到电子商务，互联网的风口一个接着一个，而这些人也成功起飞。

2008 年至 2018 年，这是一个新经济时代。这期间，华为、阿里巴巴、腾讯、联想、百度等有广泛影响力的民族品牌，成为推动我们国家经济增长的重要动力。随之而来的是一些独角兽企业的借势崛起。2010 年，雷军的七人军团联合创办小米科技，王兴创办了美团网。2012 年，张一鸣创办字节跳动，并推出今日头条。

2018 年到现在，属于万物智能互联时代。经过改革开放 40 多年的高速发展，今天中国的经济已经进入一个效率驱动、创新驱动的时代。2019 年中国 5G 开启商用，这标志着中国从此进入 5G 时代。作为全球数一数二的通信巨头，华为当前拥有的 5G 专利数量排名世界第一。OPPO、vivo、小米等，也表现出了强大后劲，都在发力 5G。5G 带来的技术与商业大革命，一定会赋予我们普通用户更大的发展能量和便利。

从中国企业家经历的这几个时代来看，他们之所以成功，极为重要的一点就是抓住了当时国家的“大势”，抓住了新的机会点。

回过头来说，从国庆阅兵上、从中国这几十年的发展上，我看到了我们国家的强大，我更悟出了大势的内核。现在的中国企业家、年轻人身处这个伟大时代，占据了天时、地利、人和，这让我们更好地走在了通向成功的正确轨道上。

环顾当今世界，西方国家不断爆发着反全球化运动，民粹主义也正在抬头，这些都大大地影响了很多西方国家的政策运行。由此还衍生出一系列的社会问题，诸如民族分化、性别歧视、经济下滑、政党之间的恶意竞争，等等，让民众越来越失望。

反观我们国家，我们已经走入了崭新的时代。在中国特色社会主义制度下，我们的人民过上了更好的生活，正朝着中华民族的伟大复兴迈进。如今，我们的国运蒸蒸日上，这给更多的企业家创造了一个非常好的投资环境。这是天时。

为什么很多国家都不能在自己国内进行全产业链整合，主要原因是它们的市场不够大，做不起来，而中国有14亿人口，拥有世界上最大的市场。从零部件到晶片到设备再到设备公司，整条线我们都能做出来。从企业经营和生存的法则来看，中国的市场绝对可以养活产业链中的任何一个环节。不仅如此，我们还拥有全球最大的消费市场。未来我们就会像一个吸盘一样，把很多资源都给吸过来。这是地利。

一个国家最重要的是什么？是我们自己有心气，国民能凝聚在一起。国庆群众游行活动排练的那些天，我和很多学生在一起交流，发现他们都自发地、由衷地表现出爱国情怀，希望参与到祖国建设中去，跟祖国共同成长。原来有些人比较推崇西方制度、文化，认为西方讲人权、民主，是自由的市场经济，对我们有中国特色的社会主义制度并不是很认可。但经历了这些年，西方制度的弊端不断显现，屡陷困境。这些人也看到了它们出现的种种问题。反观中国，经济持续快速增长，人民生活得到很好的改善，遇到重大社会问题能够利用制度优势快速处理，国际影响力越来越强，政策的持续性也得到了很好的传承。有了这些对比，这些所谓的“精英”们的观念也在发生变化，他们开始更加认可中国的发展，并自觉参与到了中国和平崛起这个大势中来，也愿意跟着国家向前走。看到游行当日群众脸上开心的微笑，我感觉到我们国家的凝聚力是最强的。当下是我们发展的最好机会，中国一定会继续蓬勃发展的。这是人和。

我对“和”还有自己新的理解：“和”，不仅是人心凝聚与和平，它更是一个动词，是要把自己“和”进百年未有之大变局的新时代。这个“和”，是干出来的！

对于现代的年轻人来说，天时、地利、人和我们都占了，在这样的大势之下我们每个人肯定会有更好的发展。想当初，我一方面因为三封家书，另一方面深深感到了改革开放后国内创业的利好，才下决心要好好把握内地发展的时机。当时就像是被“大势”所推，我最终来到内地开拓新的市场，并取得了成功。

你的格局力决定你的高度

国庆当天晚上，我心潮澎湃地写下了当天的回忆，猛然明白一件事：格局是什么？格局就是要把握好当前的大势。我们每个人都是非常渺小的，一定要把自己融入国运和大势中去。

经过这样的思考，此时我心中对格局力已经有了新的认识。我理解的格局就是指一个人的眼光、胸襟、胆识等心理要素的内在布局。那什么是格局力呢？

所谓格局力，是在能够看到未来发展大趋势的情况下，用一种大视野把握时机，把自己“和”进这一发展趋势的能力，也是通过天时、地利的分析，把自己“和”进这一发展趋势去的能力。

我们常说，要登高，才能望远。“望远”又能带给我们什么？站得高，看得远，当然就能“看得更准”。如果一个人想具备好的格局力，就需要有世界认知和自我认知，这样才能发现机会点。

认识世界，发现趋势，找到风口

生活中我们常见这样一幕：在儿童乐园里，一群孩子在一人高的围墙里面玩儿“闯迷宫”游戏。有的孩子因身材矮小，看不到外面情况，跌跌撞撞半天走不出来。这时站在高处的一位父亲开始指引起自己的孩子，告诉他何时前进，何时拐弯。最终，孩子在父亲引领下成功地走了出来。

我想，这个孩子之所以走出迷雾，不是因为他父亲有多么高明，而是因为他父亲站在高处，能纵览迷宫全貌，知道如何走向“出口”。如果换作其他小孩站在高处指挥，也同样能帮助他的伙伴走出来。这和年龄、性别无关，和一个人的“视野”有关。

国学大师钱穆曾经游览一座古刹，看到一个小和尚在一棵树龄500年的古松旁种花。他感慨地说：“以前，僧人种松树时，已经想到寺院百年以后的发展了；今天，小和尚在这里种花，他的眼光仅仅是想到明年啊！”

钱穆这番感慨道出了一个道理：大事难成，是因为心中的格局太小。最重要的不是能力的高低，而是格局的大小。站在高处，才会看得更准；看得更准，才能做得更大。生活中如此，做公司也是这个道理。

我回国创业二十七载，亲历了中国改革开放这几十年，自己的视界和思维也随着中国翻天覆地的变化而发生彻底改变。我深刻地认识到：这个世界，你有多大的格局，就能有多大的眼界，就具有发现和创造机会的多大可能！

所谓的世界认知，是要知道这个世界是什么样的，未来的时局是什么样的，我们眼中看到的世界是什么，我们理解的世界是什么。这是特别重要的。我们要把自己的优势跟世界认知结合在一起才行。

习近平总书记指出，当今世界正面临百年未有之大变局，全世界应当顺应潮流实现共同发展。这是我国对国际形势和未来发展做出的重要判断。习近平总书记这样介绍未来10年：

> 未来10年，将是世界经济新旧动能转换的关键10年。人工智能、大数据、量子信息、生物技术等新一轮科技革命和产业变革正在积聚力量，催生大量新产业、新业态、新模式，给全球发展和人类生产生活带来翻天覆地的变化。
>
> 未来10年，将是国际格局和力量对比加速演变的10年。新兴市场国家和发展中国家对世界经济增长的贡献率已经达到80%。按汇率法计算，这些国家的经济总量占世界的比重接近40%。保持现在的发展速度，10年后将接近世界总量一半。新兴市场国家和发展中国家群体性崛起势不

> 可当，将使全球发展的版图更加全面均衡，使世界和平的基础更为坚实稳固。
>
> 未来10年，将是全球治理体系深刻重塑的10年。世界多极化、经济全球化在曲折中前行，地缘政治热点此起彼伏，恐怖主义、武装冲突的阴霾挥之不去。单边主义、保护主义愈演愈烈，多边主义和多边贸易体制受到严重冲击。要合作还是要对立，要开放还是要封闭，要互利共赢还是要以邻为壑，国际社会再次来到何去何从的十字路口。

对世界有一个清醒的认知，有助于我们透过历史这面镜子了解事物发展的客观规律，预测未来的走向。这样就有助于我们判断“我要到哪里去，并探索我该如何去实现”的问题。

认识自己，知道“我是谁，我在哪，我要到哪里去”

关于自我认知，柏拉图曾提出这样一个哲学命题：我是谁，我在哪，我要到哪里去。这也是一个需要我们认真对待的既简单又复杂的人生问题。

清醒的自我认知，是指一个人能有清醒的头脑，认识到自己的处境，对自身能力、性格、优劣势等自身情况能有比较实际的评价。不但自己清楚自己的状况（自知），也知晓他人对自己的评价和看法

（他知）。有了自知和他知，一个人才会拥有“自知之明”。这将有助于解答“我是谁，我在哪”的问题。

我在美国准备回国创业时，考虑是要做传统业务还是要做创新业务，也经历了“我是谁，我在哪，我要到哪里去”的认知过程。

那三封家书让我开始认真地思考：我是谁？我到底喜欢什么？我有哪些优势，有哪些劣势？后来，我对自己的认知是，我是个吃货，我喜欢美食，这一定会为我带来快乐。

可是在哪里来做切入点呢？我如何融入这个世界呢？这个问题离不开对周围环境、对周围世界的客观认知及准确判断。除了上述认识自己、认识世界的内容，还要求对时局、趋势能做出准确分析，想方设法把自己“和”进这一大势中去。

识“势”务，把自己成功地“和”进去

要解决这个问题，我们需要有认清趋势的能力。如果对趋势认识不清，把握不准，机会点看不到，我们就看不清方向，找不准机会点，找不出正确的创业思路，也就不能说服更多的人从事这份事业。因此，要做成一件事，我们必须要有认清趋势的能力。

当初，我之所以没留在美国，既有前面讲到的原力的原因，也是当时我的格局使然。我相信改革开放会对内地带来翻天覆地的变化，可谓天时、地利、人和三者皆优，感觉自己找到了这个大势。但是

在这些面前我又陷入另一个思考：“我是擅长传统业务、创新业务，还是颠覆业务？”选择传统业务的话，我能做得更好就可以了；创新业务是传统业务迭代更新的模型，需要整合现有的科技资源去改善现有模型；颠覆业务是要营造一个新的市场。要按照自己的能力决定自己的赛道是什么。我经过思考，决定走创新趋势的路。从利己到完全利他，充分释放原力就意味着我要颠覆趋势，要改变世界，让社会变得更好。

找到这个大势就成了吗？还不行，我们需要审时度势把自己“和”进大势里去，并具备改变世界的决心，这样我们的格局力才会大大提升。后来，我毅然决然地回到内地做美食，我把自己成功地“和”进了国内的大好形势。

俗话说：“再大的烙饼也大不过烙它的锅。”这句话很有意思，你可以烙出大饼来，但是你烙出的饼再大，也得受烙它的那口锅的限制。我们所希望的未来就好像这张大饼一样，是否能烙出满意的大饼，完全取决于烙它的那口锅，也就是“格局”。

与大势相“和”并不是我们的终点，我们还要打造更大的“锅”，这就要时刻升维思考，认清世界。这是对世界的更高的认知。

是当蚂蚁，还是做大象——你的格局力决定你的高度

在一次总经理办公会上，我拿任正非董事长给记者看的伊尔－2

飞机，来分享我的体会。这两年美国对中国的5G技术和华为不断封杀。在任正非看来，华为当时的情况就像那架伊尔－2“烂飞机”。但任正非坚信，飞机虽然是弹孔累累，可是它依然能坚持飞行。

面对美国政府的排挤和制裁，任正非就此表态。他说，会通过构建华为自己的生态系统消除这种影响，从公司长期发展来看，也许是好事。

> “华为规模发展越来越大，命运越来越不能掌握在自己手里，心里会忐忑不安。”任正非这样说，“我们能够自己建立生态生存，同时并不排斥使用和支持别人的生态。华为和有关公司有协议的，在条件许可的情况下要坚守……出售5G技术对华为有利。”
>
> 任正非表示，这件事情对华为是有利的：一方面缓和了国际关系；另一方面增加了竞争对手。
>
> “竞争对手如果不强，华为公司也会衰落。当我们公司在很多领域称霸世界的时候，可能离死亡也就不远了。”同时，他还说：“只要美国恢复对华为的芯片、系统的供货，我们就依然继续购买。因为华为希望让别人也有生意可做，共荣共建商业生态，加强彼此依存。
>
> “我告诉他们，迟早我们要与美国相遇的，那我们就要准备和美国在‘山顶’上交锋，做好一切准备，从那时起，

就考虑到美国和我们在‘山顶’相遇的问题，做了一些准备。但最终，我们还是要在山顶上拥抱，一起为人类社会做贡献的。”

上述讲话，试问哪一个国家和品牌能有如此气度？我们可以看到，当你构建了命运共同体的格局，构建了双赢思维的交易模式，客户的感受就会少一丝威胁，多一些安全，就会愿意和你做生意。对方好了，自己才能长久。后来也正如我们看到的，美国围堵华为以后，华为在全球的业绩并未受到实质的影响，美国的举止反倒是为华为的技术做了一次很好的营销广告，让华为获得了更多的商业订单。

假如面前有十级台阶，而你站在第八级台阶上，会很轻易地看到第五级台阶、第三级台阶的人，以及他们的问题，你可以轻松找到解决这些局部问题的思路。我不断地学习，修炼格局力，也是为了训练自己“升维思考”，一路向上爬台阶，以便能更好、更加全局地看问题、做决策。

为什么贝佐斯这么厉害？因为他站在更高的思维高度上来看问题，更容易得到正确答案。对于世界的认知，往往决定了一个人思考的高度。

现在的亚马逊已经颠覆了书店，颠覆了超市，甚至颠覆了计算能力市场，其作为一家电商，居然已进入云计算的行业。现在的甲骨文、IBM、惠普、戴尔这些世界有名的传统计算机公司巨头的市值加起来，都不如亚马逊。

有时候，我们已经足够努力了，却还是看不到生活有所改变的迹象，内心就像走入了一个迷宫，迷茫而焦虑。爱因斯坦曾说过：“这个层次的问题，很难靠这个层次的思考来解决。”

每个人都可能做过盲从的事情。那么，人为什么会有“盲从”？为什么会在某一时期或阶段有或多或少的迷茫、彷徨、犹豫呢？为什么在做出人生重大选择时，即便深思熟虑，仍有考虑不周之处？其中，很大的原因，是对自我的认知不清，对世界和事物发展的规律不明。

这些“认知短视”的背后，就是一个人的格局不合格，心智还不成熟；加之没有提升格局力的方法及能力，就会考虑事情过于片面，造成目光短浅，难有发现和创造新机会的慧眼。“高维打败低维”就是这个道理。

当年我虽然没有进入美国的投资银行，但是我对公司的上市、公司的业绩分析、整合非常感兴趣，特别是对一些创新型公司。其中亚马逊一直是我特别关注留意的公司。我除了经常在亚马逊上买书外，还觉得亚马逊是一家特别有趣的公司。亚马逊的市值非常高，但却年年亏损。为什么会这样？因为亚马逊没有把收入转化成利润，而是用来投资未来的科技。

在华尔街的游戏规则里，一家公司每个季度财报上的数据都要做得足够显眼，才能有机会获得资本的青睐。因为他们的眼里只有短期利润。不过，亚马逊却不以为然，反而选择了长线思维，以牺牲短期利润来获取长远的增长。

在贝佐斯的观念里，“所有只能产生短期利润的项目都不重要，无论现在多赚钱！能够产生长期现金流的项目才是最重要的，无论现在亏多少钱”。

在他看来，如果对于你做的每件事情，把眼光放到未来 3 年，和你同台竞技的人会很多；但是如果你的目光能放到未来 7 年，那么可以和你竞争的就很少了，因为很少有公司愿意做那么长远的打算。而如今具有强大格局力的贝佐斯和他的亚马逊做到了这一点。

一个人对于世界的认知，往往决定了思考的高度。你所在的维度，决定你主宰的是自己、还是别人，再或是被别人主宰！伟人之所以是伟人，不是他们站得有多么高，身材多么伟岸，而是我们都在趴着。一个人如果没有格局力，活得就会像蚂蚁一样。是当蚂蚁，还是做大象，全看你的格局力。请记住，你的格局力决定你的高度！

“和”大势者成，“失”大势者败

曾有一段时期，尤其在创业初始阶段，我的事业都顺风顺水，这得益于我抓住了时机；后来，互联网大潮袭来，我错过第一波浪潮，流失了很多好机会，让我十分痛惜。由此我认识到，不能认清世界大势，不会抓准机遇，就要付出代价。

成也萧何：天时地利人和，助力初创成功

我当初回国发展和创业，诱因是多方面的，其中最为直接的是，我看到了祖国的发展势头、看到了内地餐饮行业的巨大商机，以及当时内地放开餐饮市场的扶持政策。我把握住了国内天时、地利、人和这一大势，在自我认知和分析的加持下，找到个人定位，并把自己成功“和”进了这个大势当中。

天时是成功的伯乐、机遇；地利是成功的环境、条件；人和是成

功的综合实力（成功的关键）。在我的创业发展道路上，这三个核心要素始终相伴。

时值国家改革开放刚刚起步，国外多个品牌的快餐进入内地。各大城市的街头出现的快餐还属于新兴事物。餐饮市场迎来了洋快餐的加入以后，连锁快餐业正式进入萌芽阶段。当时人们创业意识很弱，竞争也不激烈，国家也敞开大门，甚至对快餐业还有一定的优惠扶持政策，再加上改革开放初期的大趋势，营商环境良好。我正是看准了时机，才于 20 世纪 90 年代早期成功杀入北京市场。

对于当时的快餐市场来讲，只要能够引进外资品牌，套用国外成熟的管理经验，做到照顾好顾客，做好品质和供应链，就可以较为轻松地赚钱。

在竞品并不多的情况下，我们迅速抢占市场，先后在北京、天津、河北等多个省市开设了众多餐厅，打造了多个品牌。公司伙伴数量、公司规模持续发展和壮大。

我判断我在事业前半段是成功的。我认清了趋势，并做出了正确决策，把自己成功地“和”进了内地市场。

我认为，把握好了天时，没把握好地利，就很容易让自己成为烈士；反之，把握好了地利，没有把握好天时，这样就容易成为奸雄。而我的人生前半段把这三者都抓住了，这三者也成了我人生道路上的行动罗盘，指引我始终朝着正确的方向努力。

败也萧何：错失互联网，付出惨重代价

公司从初创期到快速发展期，再到后来的成熟期，一路走来总体顺利，这让我开始有些自满。人一旦没有了危机感，就会躺在舒适区不情愿再走出来，即便看到新兴事物，内在敏感度也会降低。尤其是不再看大势发展的时候，对未来的判断是容易出问题的。我就在这种自满自负的情况下，错失了很多的机会，也让公司的经济效益大幅度下滑。

这还要从若干年前互联网在餐饮业的“搅局”谈起。2014 年至 2015 年，有好几家餐饮外送品牌找我谈合作。它们也刚成立不久，我有成为它们初始投资人的机会。但我当时看到的却是，餐饮外送会把我们的每单价格压得很低，直接影响到我们的获利，我也不看好这种新兴行业的前景。我没有兴趣和它们合作，而且还对这个外送行业有点“不屑”。

随着互联网的迅猛发展，国内餐饮外送犹如雨后春笋，生意遍地开花，发展势头不可阻挡。当我的食品工业、我的餐厅被互联网颠覆的时候，我才感觉到了麻烦，生意开始往下掉了。网上渠道蓬勃地发展，影响了我线下的人流量。这时我才意识到当初自己是多么地无知。我为错过如此商业良机感到痛惜，为自己的不思进取和目光短浅而懊悔。

我停下脚步，开始进行深刻的自省和分析：我为什么在这次商业

早期的吉野家和 DQ 分店

早期的吉野家和 DQ 分店

浪潮中落入水中？归根结底，是我的格局力还不够。我没有拥抱互联网，没能保持足够的商业敏感度，更没有看清科技变革、科技创新给世界带来的影响。一叶障目，自以为是，害了自己。

反观苹果，在乔布斯的带领下成功抓住了互联网商机。2007 年，第一代苹果的横空出世，让人们感受到了移动互联网时代的真正到来。尽管此前我们可以通过 GPRS+ 诺基亚上网，但不得不说，真正激活移动互联网时代的却是苹果。苹果，让互联网变得更精彩。马云的淘宝网正是因为抓住了互联网商机，才让传统的零售业日渐凋零。

再说移动支付和传统支付。我们现在出门根本不用再带钱包了，只需要一个手机就可以搞定一切。我们想买一件东西，只要拿出手机，打开支付宝或微信钱包，甚至是 QQ 钱包、翼支付钱包等，给收银员用扫描枪扫一下就轻松搞定了。这省去了传统支付时刻准备付钱、找零、签字的诸多麻烦，大大缩短了时间。这一切都是互联网带给我们的便利。

乔布斯说过这样一句话："你如果出色地完成了某件事，那你应该再做一些其他的精彩事儿。不要在前一件事上徘徊太久，想想接下来该做什么。"我觉得这句话就是送给当时的我的。因为我在自己的人生前半段上徘徊得太久了，根本没有考虑后面的事情。

为了不在后面的科技与商业浪潮中再次落伍，我奋起直追，加强学习，积极引进互联网人才，拥抱科技变革，提升自己乃至公司全员的商业敏感度，努力抓住商机。我开始大量阅读与科技变革相关的书籍，上网浏览有关科技创新的信息，到美国参与“奇点大学”的学习，开阔眼界、提升格局。

伴随万物互联互通的到来、5G 技术的普及、大数据与云概念的运用，在新时代背景下，在这样一个拥有完整工业体系和 14 亿人口庞大市场的中国，我相信未来一定会迸发出无限商机。未来属于中国，未来一定属于中国有志青年。看到这个大势以后，我随即联合几位朋友成立了直接投资公司，发起并成立了“海阔天空创投基金”。这个机构专门用于挖掘和投资崭新的科创项目，并且已初见成效，部分项目开始发芽开花，我们正共同等待丰收时刻。

这件事情让我再次深刻感受到，我们公司当前处于转型期的关键时刻，如果没有危机感和紧迫感，如果没有大的格局意识，全都躺在自满自负的温床上吃老本，看不清世界、认不清自己，必定会付出昂贵的代价。唯有不断学习，认清形势，紧跟时代步伐，才能不被淘汰，才能拥抱未来。

和大势结合
让更多的人成为更优秀的人

这些年来我发现很多有创意的青年和他们富有前景的项目及产品，与成功就差一个“资金”的距离。我拥有人脉、资金和更多的好机会，完全可以提供给这些有志青年以及他们的创新项目。我如果成立一个平台，专门用于寻觅、开发有投资潜力的科创项目，给这些青年一个施展能力的机会，该有多好呢！

一直以来，我的使命都是要通过一些力量帮助中国的年轻人发光发亮，所以我要做好青年工作。

作为一个创业老兵，我一直在内地生活和发展，亲历了改革开放的过程。在工作之余，我一直关心青年工作、公益工作，这也是在寻找我的幸福感。为了回报国家和社会，我采取了一系列的举措和行动来促进内地和香港青年人之间的交流。在国家推动“一带一路”建设的背景下，我也希望通过自身的努力影响更多的海外友人来中国投资兴业。

与香港在北京的学子一起交流

我利用在北京的时间与香港在北京就读的高校学子一起交流，在学业、生活、未来发展、创业等方面给他们指导，为他们更好地融入祖国发展搭建平台。

我通过各种的形式与他们进行交流和互动，比如全球青年领导力高峰论坛，青年创新、创业论坛，庆祝中华人民共和国成立、香港回归活动，北京胡同、老字号探访活动，考察高科技园区，中关村智造大街考察等，还特别在中央社会主义学院开展港澳生、海外华人华侨及友人“中国国情研习班”活动。

加入世界青年总裁组织（YPO）

我在前面提到过，错失互联网，我付出了惨重的代价。这同时也让我学会了在关键时刻要整合资源，以远见卓识去投资科技公司，以开放心态拥抱技术，以传统行业加互联网的方法做自我升级。通过上述种种努力，我公司的商业曲线实现了从第一曲线到第二曲线（呈螺旋上升的趋势）转型升级。

后来，我参加了国内及国际多个杰出的青年组织，包括世界青年总裁组织（YPO），在那段时间里我成长是相对比较快的。在世界青年总裁组织，我参选并担任了分会长、北亚区的董事局主席，并代表

YPO 国情研习班同学在国庆招待晚宴拍照留念

亚洲成为全球董事局的成员。在这个组织里我认识了世界各地、各领域的卓越领导者，结识了许多世界精英和好朋友，他们给了我不断学习的机会，和他们在一起我受益匪浅。我从中很好地提升了自己对世界的认知，增强了自己的格局力。在这个组织里面，我不仅通过交流获得了许多新知，同时通过座谈会、演讲、电话会议等形式，向各国的青年代表系统地阐述了在中国经营遇到的法律问题，中国政府的政治架构，中国的“两会”以及它传递的精神，中国发展的机遇和前景，如何理性看待中美关系，等等。

需要强调的是，我当选全国政协委员，这在我的成长道路上又是一次更高的飞跃。

此外，连续几年，我们都会和中央社会主义学院合作，在全世界各地邀请华人华侨和国际友人等精英到中国参加 YPO 国情研习班。让他们进一步了解中国国情和国家运作机制，与中国企业家近距离交流合作，并出席国庆招待晚宴。他们许多人是第一次来到中国，当时听不懂普通话，对中国的一切感到非常陌生。为了让他们能够更好地认识了解中国，我们在中央社会主义学院上课时全程采用同声传译，以便他们更好地从老师的讲解中理解认识中国的经济发展和国情。通过学习、考察、交流和参加联宴等活动，他们对中国政府的运行机制、中国的经济与全球经济发展、中国的文化有了一个初步的了解和认识。经过与中国企业家交流、对中国进行实地考察，他们对中国的政治、经济发展又有了全新的认识。学员们表示，以为中国像一个带着神秘面纱的女孩，不知道该如何与她共舞，通过此次中国国情研习班，则不再犹豫，可以走过去与她共舞了。国情研习班的举办获得一致好评。我认为，他们需要一个渠道了解中国、认识中国，国情研习班的活动达到了非凡的效果，收获了很好的结果。其中一年，我们在北京举办“一带一路”高峰论坛，邀请世界各地近 500 名海外企业家，请他们重走丝绸发展之路，让他们对中国有了一个从了解到认知并初步认可的过程。我们为他们讲述中国故事，鼓励他们逐步投入到中国的发展建设中来，参与中国的“一带一路”建设。

与此同时，我也希望通过不同渠道，参与到民间外交当中去，在国际场合为中国发声，通过自身影响力以及相关组织，带动和影响更多的人参与中国的发展，为中国的和平崛起贡献自己的绵薄之力。

帮助粉丝提升格局力

自从开通微博以后，我很开心能与很多小伙伴有深度的沟通。通过互动沟通以后，我理解了他们不同的需求。其中一个很重要的需求，就是迅速提升他们的格局力，以后他们要自己制定商业计划以及规划。

在中国青年创新创业交流会上，我邀请了 3 个小伙伴一同参加。当时在场的发言嘉宾和参会嘉宾都是知名的企业家。那种距离感，很多年轻的大学生是无法突破的，感觉自己微小至极。正因为如此，我才要通过这些活动来提高他们的格局力，让他们对世界有新的认识。

哈佛商学院教授克莱顿·克里斯坦森这样说过：“衡量一个人的方式，是看多少人通过他的帮助而成为更好的人。”而我目前只想帮助更多的人成为更优秀的人。

带粉丝参加创新创业大赛

带粉丝参加中国留学人员创新创业论坛

格局力修炼方法一

多读书

在提升修行方面，有一个经典的“七二一法则”。用在学习上，它的大意就是，一个人的学习成长所得，10%是通过教室上课习得的；20%是通过交友或拜师习得的；70%是通过践行习得的。

格局力的修炼离不开阅读自学，且须持之以恒博览群书。我多次提到过“读书”是最好的修行方式，不是之一，而是第一！

读书，终究是要通过反思实现自我提升，以及通过实践达到学以致用。因此，反思与实践，也是我们提升认知与格局不可或缺的手段。年龄的增长，思想的成熟，阅历的丰富，岁月的沉淀，也更助力我们在反思与实践中获得成长和进步。

读书，不仅有效助你提升幸福感、增强学习力、滋养阳光力、拓宽格局力，甚至可以帮你找到“人生的原动力”。

“书中自有黄金屋，书中自有颜如玉。”前人的智慧已经高度浓缩，专家们的思想高度和认知格局，已经明示给你什么是坑不要跳，哪些台阶可以攀登上去，而不用自己再去走弯路。

读书作为学习的最重要方式，不仅是为了让自己改变，更是为了让我们“少走摸索的弯路”。读书，会让你在不断反思中学习。顿悟的那一刻，就是你格局力又打开一度的时刻。

浏览哪方面内容可以培养个人格局力呢？有意让自己养成习惯，主动去阅读、收听、收看有关国内外政治时事、国际财经、军事外交、科学技术等领域的信息。除了传统媒体，更快速的网媒也是黄金般的学习渠道。

格局力修炼方法二

混圈子

俗话说："见高人不交则必失之。"广交良师益友，是一个很好的提升修行的方法。

这个方法说白了就是"混圈子"。你要加入几个高品质的圈子，要与不同背景、不同能力的人结识，要不断添加有质量的好友。这相当于让自己在修行格局力方面做了并线，会一下子步入快车道。

我们还要加入一些本地组织、国际组织（传统的、颠覆的、创新的）。为什么这样呢？如果把格局分得更细一点，可以分成传统格局、创新格局、颠覆格局，还可以分成国内格局和国外格局。我们要分析一下：在传统格局当中有什么组织，我们需要参加的组织跟这些行业有什么相关，创新性的组织有哪些需要我们参加，颠覆性的组织有哪些我们要去参加，我们怎么去交叉，国内大家现在特别关注的东西，国外是怎么做的。

大家可以参考一下，我是如何提高自己的格局的。我平时参加

YPO“一带一路”峰会集体合影

了很多各类重要的组织。比如说，我参加了中国侨商联合会、北京市青年联合会和世界青年总裁组织（YPO），我在 YPO 待了很多年，担任了多个领导岗位，积极参与会务和服务会员。几年前，我们还在北京组织了"一带一路"高峰论坛，并邀请多国政治、经济和体育文化的领袖作为论坛的演讲嘉宾。上一页的照片就是姚明先生作为嘉宾演讲了他从事的公益事业后，跟全体参会伙伴的合照。

加入各种不同的组织是非常重要的。我还邀请过不同的伙伴参加我们每一年在人民大会堂里举办的国庆晚宴，晚宴每年有 50 个名额。将来，我还要安排海外大概 50 个对中国文化有兴趣的企业家，来投资中国文化。我还去中央社会主义学院拓展学习，与团中央的中国青年企业家协会的企业家进行过沟通交流。

我认为提升格局力是需要相互沟通和交流的，你需要跟更多的跟你背景不一样的人沟通，和你能力不一样的人进行沟通。只有这样，你才能有更好的突破。

格局力修炼方法三
做中悟

格局力是怎么来的？格局力是嗅出来的。

你只有站在行业层面的格局上看市场趋势，才能敏锐嗅出市场动态和专业领域朝向；你只有站在国家层面的格局上看行业，才好预判下一个阶段可能迸发出的新商机；你只有站在国际视野的格局上看中国发展，才能更好地弄清国际金融流向和中国政策；你只有让自己具有像地球高轨卫星一样的慧眼，才能发现这多变的世界已经发生的、正在发生的，并感知即将发生的事情，以利于你做出准确分析和正确判断。

平时我们只有带着新思维去实际操作一遍，而不是纸上谈兵，才会发现自己考虑问题、执行落地过程中仍有片面不周的地方，通过反省就会又成长一次。对于成长，学以致用是极为关键的。不去做，就不会有更好的反省和总结，没有到位的反省如何让自己成长呢？

一个人的自省就好比拉弓射箭，拉得越深，箭离弦后的力量才会越大，射程才会越远。自省的目的是获得感悟，然后在感悟中提升自己的格局。每一个年轻的生命都是有活力的。只有你的活力放对地方，才有意义，才能释放价值，否则枉此一生。年轻人平时一定要多修炼见微知著的能力，练就天地人合为一体的洞察能力。

> 很多人都知道三个工人的故事，三个工人正在工地砌砖，脸上却流露出不同的神色：一个唉声叹气，一个平平淡淡，一个兴高采烈。
>
> 有人上前来问："你们在做什么？"第一个工人没好气地说："没看到吗？我在砌一道墙。"第二个人认真地说："我在建一个摩天大楼。"第三个人快乐地说："我在努力建设一座美丽的城市。"
>
> 几年以后，第一个工人还在砌墙，第二个工人成了建筑工地的管理者。而第三个工人从砌砖中看到了自身职业的崇高与价值。于是，他一边工作一边学习，最后成了一名世界著名建筑师。

如果你的见微知著的能力一般，不能发现大势，说明你的格局还不够，你只能成为第一个工人或第二个工人；如果你的见微知著的能力很强，能在平凡的工作中悟出大势，说明你的格局很大，你必定会成为一个出色的成功者，就像第三个工人一样。

当一个人不能把自己放在时代和系统的时空交叉点上时，他也就是个匹夫或蚂蚁。成功者大都是天地人三才合而为一的，想问题做事情，都看得长远。

哈佛大学有个著名的理论："一个人的差别在于业余时间，而一个人的命运决定于晚上 8 点到 10 点。"你只有心中有了远大的抱负，才能耐得住寂寞，静下心来为自己充电，你才能无视种种诱惑，坚守自己的理想至死不渝。

古语说："人挪活，树挪死。"过于执着于一念，打不开局面，可能会让我们的路越走越窄。而转换思维，放大格局，我们就能开掘出一个全新的视野，打造出一个广阔的舞台。

曾国藩说："谋大事者首重格局。"年轻人做事，最忌讳畏畏缩缩，胸中没有大格局，走一步算一步，目光超不过脚步，终究难有所成。"坐拥云起处，心容大江流。"只有站得更高，看得更远，才能做得更伟大。

格局力金句

- **格局，是一种"大势"。**
- **每个人都是渺小的，我们一定要融入国运大势。**

请反思：你认为加入哪些圈子，有利于自己快速成长？

____

____

____

____

第六部分

幸福力

厚度

找到人生的意义和快乐

多少人，一生的终极目的是让自己幸福。

幸福，就是不断深挖发现意义和探索追求快乐的过程。

而我感受的终极幸福，

恰恰是超越自我的“利他”。

把获得幸福当作一种能力，

而不仅仅把它当作一种状态。

刚上学的时候，我从没有考虑过“幸福”这个概念，更不知道什么叫作“幸福力”。在成长的过程中，我常常把一些高涨的情绪或短暂的快乐等同于幸福！

比如，妈妈给我买了一个电视游戏机，这是我年幼时梦寐以求的东西。拿到游戏机打开包装的一刹那，我如获至宝，兴奋了好几天，我觉得当时是很幸福的。又或者是，我每天下课以后都会练习自己的爱好——打乒乓球，所以在小学的时候还进入了乒乓球预备队。每次取得好成绩时我都会很开心，那一刻也是有幸福感的。还有，在中学作文的诗词歌赋竞赛中，我的作品入选了学校的月刊，这份荣誉也带给了我高涨的情绪和满足。

但我后来发现，无论是得到自己想要的物质，还是收获好的成绩，自己都只能开心一时。再之后，好像也没什么值得我一直感觉特别幸福的事情。甚至，在我的成长道路上，更多出现的是迷茫，迷茫感要比我高涨情绪的快乐感更多一些，没有什么事能让我感到长久的幸福。因此，很长一段时间以来我都不知道自己所要的真正幸福是什么。

我的慈善处女秀
初遇幸福力

关于什么是幸福，我一直都是迷茫的，或是一知半解的。直至后来我经历了两件事，对幸福也就有了新的认知和更深刻的理解。

回顾爷爷赈灾救险

上学时每逢放假回到家乡，我都会和爷爷一起下棋，每周都有好几天下棋的机会。下棋时，在和爷爷的攀谈过程中，我从他那里能学到很多东西，给我很多的感悟。爷爷教导我："要有仁义之心，博爱之情，对社会大众要有一份责任感。"一开始，我不是很懂，只知道家族是经商的，只要做好生意就行，不明白为什么还要管社会上的其他事情。直到有一次华东地区发大水，爷爷身体力行给我好好地上了一课。

1991 年 7 月的一天正值暑假，我正在和爷爷下棋，外面传来一则不好的消息——华东地区遭遇特大洪涝灾害，很多省市已经受灾很严重了。爷爷眉头紧锁、表情凝重，棋子紧紧捏在手里，陷入沉思。片刻，他放下棋子，站起身，并对我说："明基，今天我们没办法下棋了，我要出去一下。"说完，爷爷扔下棋子，三步并作两步冲了出去，我不知道他要去干什么。

再之后的好多天，我都没有见上爷爷一面。我后来得知，爷爷正在通过不同的商会组织和渠道，为受灾的人们募捐，同时安排有关物资，运到灾区解决困难。那几个月，他把自己搞得很累，经常很晚才回来，然后次日一大早就又出去开会做动员。

在那个特别的夏天，爷爷一下子瘦了很多。我当时除了心疼外，还有些不开心。因为本来我这个假期能有很多机会跟爷爷下棋，但计划彻底泡汤了，那个假期基本上再没跟他下过棋。我不明白，我是家族里最受爷爷疼爱的孙子，爷爷为什么不可以多花点时间陪陪我，跟我下下棋呢？

看到爷爷如此奔波劳累，辛苦地调动资源救济灾民，后来我决定自己也要表示一下，做出自己的一份贡献。于是我把暑期在家乡打工赚的6000块钱，捐给了赈灾的基金。我的行为还得到了爸爸和爷爷的赞赏，但我做这件事也是有作秀嫌疑的，当时我的内心并不明白这样做的意义是什么。

爷爷还是一如既往地忙碌着……即使在灾后，爷爷也会时常关心和过问灾区人民的生活状况，尽其所能帮扶他们。爷爷的行为不断地撞击着我的内心，我开始为自己当初的小私心感到羞愧，为自己的作秀行为内疚。爷爷的示范，给我的心灵以极大的冲击，令我至今难忘。

后来每当聊到此事，爷爷的两眼都是散发着光的，诉说那段经历时也是激动不已、热情不减。爷爷还和我讲了很多在赈灾过程中发生的故事，尤其是对赈灾结果他颇感欣慰。从他的描述中，我能感受到他很珍视赈灾过程中的点滴付出，且丝毫不会感到疲惫和委屈。我问爷爷这样做值得吗，爷爷说，他从不后悔为此所做的任何努力，能用自身能量让更多人受益，能帮到更多的人，内心是很愉悦的。

每当想起这段经历，我都能从爷爷的身上隐约感受到从他内心深处散发出的一种“势能”，这种势能驱动他做出很多忘我的、不计个人功名的“利他事情”。每当讲述那段经历时，他的脸上总是洋溢着幸福感。

自此之后，家族成员上下都更加自觉传承一种做慈善公益的基因，为此孜孜不倦付诸行动，这也成了我们家族文化的重要组成部分。

长辈们做慈善和公益，从小耳濡目染，我也立志，有朝一日要扛起这面大旗，让自己“看起来更像洪家人”。于是才有了我接下来的故事——

我的慈善处女秀

我在内地创业以后，也相继开展了很多的青少年助学与帮扶工作。其中一项就是捐助山区贫困家庭的学生，让这些学生能有足够的资金上大学、读好书。那时候，我对这件事并没有多少感觉，我去做这件事，大部分是为了作秀、为了给长辈们看，所以才勉为其难地参加了一些活动。

我当时的目标很简单，只是要证明我是洪家的一分子，为了获得家族的认可而已。至于什么利他精神，以及做慈善的意义，我真的没有想那么远。讲得好听一点，我也算是继承和发扬了家族的光荣传统；讲得不好听一点，反正我也算是我们家族的代表了，我没丢家族的面子。

1998 年，我跟北京市对接了山区捐助的一个活动，为门头沟区、大兴区一些有儿童的家庭提供帮助。春节来临之际，有人安排我们提前到受我们捐助的一些家庭访问。有一天，我要去一个学生家里做家访，带了些东西礼节性地问候一下。其实，我是有私心的，是想趁机拍拍照片，发给家人看。当时心里说："爷爷、叔叔你们看啊，我也能把这个事情做好了。"这样对他们也算有个交代吧。

当天，我们前往北京市门头沟区一个非常偏远的地方，驱车要两个小时。原本我的行程被安排得满满当当，各种事务缠身，时间非常有限，就打算送些礼品，象征性地探望一下，然后迅速返回。

那一天，我们几人驱车走了很久，道路情况很差，路面坑洼不平，颠簸得厉害。我的车晃来晃去，中间停过两次，我吐了两回，还买了药涂在额头和鼻子下面，提神止吐……更倒霉的是，我们还迷了路。就这样耽搁了很长时间。我这时心里开始后悔了，心想我为什么要去这么远的地方，找一处近点的家庭不行吗？简直折腾死我了。我越想越急，一门心思就想着快点办完事情，然后回去。

两小时后，车子终于停稳了，我迫不及待地下了车，活动下筋骨透透气。当时我整个人都站不稳了。这时不远处的村口跑来一个衣着朴素的女孩子，我看到她的脸上满是灰尘，她似乎站在那里很久了。这个女孩上来就紧紧地握住了我的手。我们四目相对的一刹那，她的眼神里写满了感恩和激动。她对我说："非常感谢您过来看我和我的家人。"说话的时候，她眼圈泛着晶莹的泪光。我顿时一怔，说不出话来了。和她对视的时候，我百感交集，心头一热，鼻腔一酸，眼泪也夺眶而出。

周围的人也被这一幕感动了。后来听她的妈妈讲，女儿在外面来回跑了好几圈。因为我的车晚到，她就在外面等了我一个多小时。

在大家的簇拥下，我们走进了她家里。女孩的爸爸躺在床上，表情也是充满感激之情，正费力地要起身，我立刻走上前去，不要他动。我对他说："叔叔，请你好好休养，保重身体。"那位爸爸当时已经说不出话了，眼里满是泪水。这时女孩的妈妈走过来，和我坐在一起，说起了家里不幸的遭遇。

原来女孩的爸爸因为有脑血栓，一直不能工作，只能在家里休养。为了治病，家里花费了大笔的钱，这个家庭是因病致贫的。为了在家里专门照顾爸爸，妈妈也辞掉了工作。为了支撑家里，妈妈也只能做一些兼职工作，来补贴家用。

这个女孩特别孝顺，原本在中学时成绩非常好，后来考上了大学。但是因为要照顾父母，同时希望减轻家里的经济压力，她就不准备继续上大学了，想要找份工作做。幸运的是，她遇到我们的慈善基金，我们用全额奖学金解决了她上学的难题，圆了这个女孩的大学梦。

我拉着女孩的手，对她说："我知道你们的困难，你只管好好读书，努力学习，去完成自己的心愿，不要担心学费的事情。我向你保证，你后面的学习费用都包在我们身上，你只管放心读书吧。等你未来学有所成，好好孝顺父母，好好照顾家里。"后来，按照女孩的要求，我们还为她在暑假里提供了一份勤工俭学的机会，让她用自己赚的钱帮助家里。

当天，我在她家停留了很久，也聊了很多话题，忘却了时间。我再也没有急着离开的念头了，再也没有想拍拍照、作个秀的念头了。我当天的工作和个人事务都为这次行程让了路。我完全沉浸在帮助一个家庭、资助一个学生的温馨中。

临走之际，我握着女孩和她妈妈的手动容地说："谢谢你们！"这娘俩觉得很奇怪，说："为什么谢我们？应该是我们感谢您才对啊！"我说："因为通过你们，我找到了做这件事情的重大意义，收获了一种特殊的、难以言表的愉悦感。"

当天回去以后，尽管身体乏累，但我内心久久不能平静，精神上充满能量、非常幸福，我觉得那一天过得无比充实和有意义。我体内流淌着一股别样的暖流，这种感觉到现在仍记忆犹新。

这股暖流和愉悦的心情，又有一种似曾相识的感觉。在哪里见到过、感受过呢？后来，我明白了。原来这种感觉，是在当年赈灾时爷爷的身上找到的。我想，当年他的心情和我的感受或许有很多相似之处吧！这次经历也令我一下子理解了爷爷当年赈灾救险后那欣慰且愉悦的心情，令我感知到那一份特殊的“感动”。

经过这两件事，我进一步明白：人生最重要的幸福，未必是财富积累的多少，而是发挥自身作用，实现自我价值，完全利他，获得一份满足和充盈。你可知，精神上的感动与满足，是多少金钱也换不来的。

幸福力

发现意义，追求快乐

很多朋友和同事曾经问过我：“洪老师，究竟什么是幸福？如何找到幸福？”是啊，一提到“幸福”，你会觉得它离我们很近，可又有些陌生，似乎描绘不清。但同时，我们又都很感兴趣并愿意探索，去找寻属于自己的幸福密码。

“幸福”一直是一个引人思考的话题。很多人被第一次问到后，都会认真思考一下。什么是幸福？贝多芬这样说：“我的艺术应当只为贫苦的人造福。啊，多么幸福的时刻啊！当我能接近这地步时，我该多么幸福啊！”而巴菲特先生这样说：“上帝对我非常眷顾，我可以和我喜欢的人做自己喜欢做的事，这就是幸福。”我们每个人对幸福的感受与理解是不同的，定义幸福也就大不相同。

周围的人和我提起过他们理解的幸福，比如说吃到美食、感受情义、获得财富、拥有健康，等等。可现实中，拥有了这些后还会有一部分人不开心，家境富裕的年轻人抑郁了，有钱的明星跳楼了，他们明显不幸福。这就要研究为什么了。

前面我的慈善处女秀故事，也让我拨云见日，逐渐看到了幸福的轮廓，其画像也越来越清晰。多行善举是可以让内心有幸福感的。经过学习、探索和总结，我认为：**幸福力，就是通过不断发现自己生存和发展的意义，从浅到深获得快乐的能力。**由此，我对幸福力有了更深入的理解。

发现意义与追求快乐，相互交融才能不断获得幸福

为什么这样讲？我们人生的终极目标，是追求幸福。生命就是一个获得知识、财富和幸福的过程。而幸福感的载体，恰恰是追求快乐和寻找意义。

快乐大多是短暂的，是一瞬间的，它根植于人们的各种言行当中。比如，听一段笑话、看一部喜剧、和友人聚会、做自己爱好的活动，等等。每一次开心的体验，都会让自己获得幸福感。

但这些快乐也并非时时陪伴我们，它短暂停留，稍纵即逝。在通往并抵达幸福的道路上，有很多节点，不全都是快乐的，那如何坚定信念走完这条路呢？这时我们就要追求意义。那意义在哪里？

意义存在于自身的格局力中，重大选择的背后就是意义。

作为世界首富，比尔·盖茨有很多理由可以感到自豪，

> 但是今天最令他感到骄傲的是盖茨基金的慈善事业，特别是全球卫生项目。正如他自己所说："如果没有我们赞助、提供的疟疾疫苗，会有600多万人丧生、无法活到今天。"
>
> 纽约卡内基基金会总裁华坦恩·格雷格利安这样说过："也许每个慈善家的慈善事业都有一个'高尚的原因'和一个'真实的原因'，但是，他究竟做了什么，远比他为什么做更重要。""他为什么做"，这也许就是比尔·盖茨选择背后的重要意义。

我认为，真正让自己达到幸福并拥有构建幸福的能力，关键是要同时发现意义与追求快乐，合二为一，缺一不可。二者犹如阴阳两鱼，息息相关、紧密相连。"发现意义"深藏于内，好比属阴；"追求快乐"显现于外，好比属阳。二者互相作用，水乳交融，你中有我，我中有你，是无法割裂的。

人生的意义，就是追求更深层的幸福

按照马斯洛的需求层次理论，每个人的需求都是生理、安全、情感、尊重和自我价值实现的递进。幸福感，也是一层层得到不断满足后才得以实现的。这里我把幸福也理解为三个层次，即浅层的幸福、中层的幸福、顶层的幸福。

第一个，浅层的幸福是感官物质刺激，给我们带来的是“短暂的快乐”。比如，你今天和几个好朋友吃了一顿非常美味的大餐，你买了一个自己特别喜爱的礼物，你买了一台新车，等等。这些都是感官物质的刺激，能给我们带来当下的快乐，但这种快乐是很短暂的。

第二个，中层的幸福是自我价值实现，给我们带来的是“中长期的快乐”。比如，你找到了一份自己喜欢的工作，你在工作中取得了一些成就，你把家庭经营得很好，等等，这些都能够实现你自己的价值，能够持续你的快乐。

第三个，顶层的幸福，也就是更深层次的幸福，这个阶段是超越自我的利他，它会给我们带来“更深层的快乐”。

不同幸福层次的关系

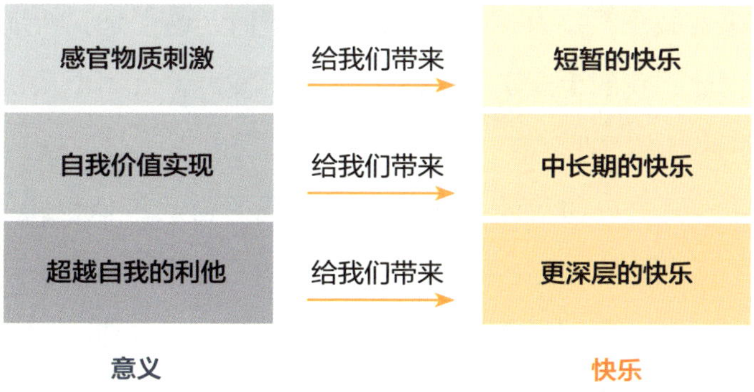

浅层幸福侧重身体，深层幸福侧重精神

浅层的幸福更多是跟身体相关，而深层的幸福更侧重精神层面。

快乐是当下的，而意义是未来的。我们要寻找到一个平衡，就是当下跟未来都能够找到的幸福点。

对于我而言，我的幸福点在过去这 20 多年是有变化的。我第一个幸福点跟我是个吃货、做美食有关系。因为我喜欢美食，美食能够带给我快乐。所以刚开始创业时我以吃作为切入点，我相信这个一定会给我带来长久的快乐，也就是深层的幸福。

之前我的叔叔和我说过，也写信告诉过我，未来的机会在内地。我也看到内地有一切优良商业环境必备的天时、地利、人和三要素。于是我把很多海外的品牌引进了中国，并发展起自己的品牌。最后证明，我的判断是成功的。我很快在内地站稳了脚跟，成功迈出了第一步。

在第二个阶段的时候，我觉得除了做美食以外，还要做个投资人。后来我做了很多直接投资和创投的事情，这也是我特别大的兴趣点。自此，我的生意实现了从 1 到 N 的发展，公司也从初创阶段迈向了高速发展时期。

此后，我的公司很快打响了品牌，我的自我价值也得以实现。尽管此时我感觉自己很快乐了，但是我的内心还是觉得缺少点什么。

为什么会这样呢？我有一次在书中看到了王阳明说的一句话："减得一分人欲，便是复得一分天理。何等轻快脱洒，何等简易！"在我看来减少"人欲"，并不是要求我们做一个无欲无求、超凡脱俗的人，而是了解自己的真实需求，不被虚假的欲望所蒙蔽。

现在，我得到了我想得到的一切物质的东西，为什么还是觉得缺少点什么呢？我现在真实的需求是什么？我想，我所有的这些都是物质上的浅层幸福，快乐并不会持久；我应该找到更深层次的幸福，那就是放下利己的私欲，向利他方向靠近。

我特别赞同罗素说的这样一句话："灵魂超脱的个人主义在历史上的某个阶段中曾有过它的价值，但在现代世界中，我们需要的是社会的幸福观而不是个人的幸福观。"

几年前，我们DQ的投资股东沃伦·巴菲特先生和比尔·盖茨先生来到北京，参加了我们DQ第100家店的开业店庆典。当时我们对于慈善事业有一个深度的沟通。其间，这位投资者教父也聊了自己的快乐和幸福生活。

在巴菲特先生看来，做慈善是为了让别人和自己都快乐。我觉得，巴菲特先生所说的这种快乐和这种幸福的生活，其实就是一种社会幸福观的内在体现。而这也恰恰体现了人类幸福的规律，人类的幸福是扎根在社会生活中的，其根源都在与他人互动的社会关系中。这次沟通让我受益匪浅，那时我的心里就有一种暗流在涌动，我好像已经发现了一些什么。

作为慈善事业的领路人，巴菲特先生既是我的老师，更是我的榜样。他对慈善的了解、对幸福力的把握、对人生

巴菲特先生与盖茨先生参加国内 DQ 第 100 家店开业庆典

芒格先生、巴菲特先生与盖茨先生参加我们的活动

意义透彻的认知，都是我特别佩服的。他也为慈善事业几乎贡献了他毕生的精力和大部分财力。

早在2000年的时候，巴菲特先生通过网上拍卖的方式，搞了一个当时著名的“巴菲特午餐”活动。其最后的拍卖收入都捐给了美国慈善机构，以用于帮助当地的穷人。

之后，巴菲特先生还做了一个举世瞩目的慈善承诺。他这样说：“2006年，我承诺逐步将所持伯克希尔·哈撒韦公司的股票全部捐献给慈善基金会。对此决定，我的愉快之情无与伦比。”我想那个时候他就已经找到了他自己追求幸福的途径。到了2006年，巴菲特先生把资产的85%捐给5个基金会，而其中最大的一笔就是捐给了盖茨基金会。

从2008年开始，盖茨基金会每年会拿出40亿美元用于慈善事业。到2015年底，盖茨基金会总共获捐367亿美元。其中，仅在2006年至2015年这10年间，巴菲特先生一个人就捐了173亿美元。

到了2018年，巴菲特先生再次向5家慈善机构捐赠了价值约34亿美元的伯克希尔公司股票。这也是巴菲特先生连续第13年将其部分资产捐出。这次捐款，也标志着巴菲特先生已经履行了捐出自己绝大部分资产的承诺。

在巴菲特先生看来，他个人没有因为钱而改变自己的生活方式，但捐出的钱却可以改变千百万人的生活方式。他说："我们的慈善工作不分国界，不论种族，我们关注的是全人类。"我觉得，巴菲特先生这种由慈善和利他主义激励和引导的生活，不仅是一种高尚的生活，也是快乐、有意义的生活。

我想这种生活不恰恰是发现意义和追求快乐的最终体现吗？如果我也想要这样的生活，那我的方向是什么？我该去做什么？

经过与元神对话，我选择了这项利他的事业。最后，我把自己的商业模型和企业规模跟"利他"融合在了一起，这也是我要追求的更高的层次。此后，我开始去做慈善、去做公益。我去支持更多的青年企业家，让他们能够更好地发展，实现他们的理想；我也去帮助一些需要帮助的大学生……

虽说我们不可能每一件事都会做到最高的层次，但如果能把当下和未来、生理和精神，这两个重要维度的幸福点都兼顾到，我们就能像巴菲特先生一样找到自己最高阶的幸福点。

总的来说，在创业过程中，我体会到了这样的幸福感：

创业之初，我发现了意义，我能够提供给更多的人就业机会，带领更多人一起过上富裕的生活；

创业过程中，我体会到了快乐，公司每一次佳绩的取得、里程碑的达成，让我有一种特别有成就的快感；

创业成功后，我开始回归初心，做公益和慈善，做更多利他的事情，这些带给了我深层的幸福。

日行一善

行善是功德，更是幸福

在我上下求索并践行幸福力的道路上，发生了很多故事，这些不经意间的事情让我喜获诸多幸福。原来，幸福并非那么遥不可及。其中，有一件事让我印象深刻。这件事要从国庆群众游行说起。

2019 年中华人民共和国成立 70 周年庆典上，我参加的是群众游行第 13 方阵，并担任小组组长。此前我与几千名大学生一起进行了超过 3 个月的训练，的确很辛苦。

到了 9 月 30 日晚上，我们所有人接到集结的命令，开始在指定地点集结。我们大家一起行动，在凌晨 3 点前到达指定目的地——王府井。9 月底的北京已进入中秋，尤其是深夜，气温降低、凉意浓浓，微风袭来让人不禁打上几个寒战。

我们所有参加人员都需要在露天地皮上过夜。地皮上，又潮又凉，现场也没有什么东西可以铺盖。我附近是几位北京邮电大学的学生，他们是书生型的，比较瘦弱，熬了一个晚上都已经困得不行了，从凌晨 4 点钟开始，纷纷躺下睡觉。当时，最抢手的物资就是那些不起眼的纸箱子了。为什么呢？因为把纸箱子拆开后可以铺在地上当垫子，方便休息。我找到为数不多的纸箱，分给了我们方阵中的大学生，希望这些青年人能好好休息，白天可以好好地表现。

终于熬到了早上 6 点钟，当太阳东升、阳光洒在我们身上时，很多学生还在沉睡。这时，我无意中注意到了旁边的一个女学生。此时阳光也照射在了她的脸上。过了一会儿，刺眼的阳光让她不断地用双手捂脸，生怕自己被晒黑了。毕竟对于女孩子来说，容貌和皮肤的保养还是很重要的。

北京秋天的阳光是非常强烈的。随着光照越来越强，这个女孩既要努力让自己休息，又要分神用双手捂脸，可阳光还是会从指缝中穿过去晒到她。这时旁边的同学拿出一张纸壳帮她抵挡阳光。可是坚持不了多久，过了一会儿那个同学也累了。

我见此情况，环顾四周，发现不远处有一个空闲的装物资的纸箱子，心生一计。我把这个纸箱取过来后拆开，折叠成“倒 V”的屋脊形状，将其支撑在女学生的身体两侧，刚好遮住她的头部。我还在纸箱上面掏了几个小洞，这样打造出一个简易凉棚，既遮阳防晒，又通风透气。这样她也不用再拿双手捂着脸休息了。看到她睡得那样安稳，我也挺开心的。

幸福与金钱无关，与内心相连。当我们每做出一次利他的事情，说出一句善意的话语，即便没有物质回报，我们的内心和接受善举的对方内心也都是温暖的，都会有一种幸福感。

古人说："勿以善小而不为，勿以恶小而为之。"我们要心存善念，多行善举。如今，日行一善，已经成为我下意识的行为。同时，我也教导身边的人要自律，尽力做到日行一善，这样我们都会拥抱幸福，获得更深层的幸福。

传递幸福力

利他的回馈总是双倍的

巴菲特先生说过："关于爱，令人难以置信的是你离不开它，如果你把爱给予他人，你会得到两倍的爱，但是如果你紧抓住你的爱不肯放手，最后爱会消失。你对别人爱得越深，得到的爱也会越多。"我就是因为给了别人一个看似很小的帮助，却换来了别人更多的回馈。

前文中，我提到过资助学生完成学业的事情。那个女孩，在我的帮助下，凭借坚强的意志和顽强的斗志，以优异的成绩完成了全部学业。她在中国政法大学顺利毕业后，进入北京市的一家律师事务所工作，用法律知识帮助了更多需要帮助的人。

在我的感染下，她还用业余时间做了很多公益活动和慈善工作，通过帮助他人，用自己的善举回报社会。我特别高兴地看到，她为山区孩子做了很多事情，还成立了自己的一个公益组织去帮助更多的孩子，让他们能够上大学。我对她的公益项目也有很多的支持。她把我们原来在20年前给她的温暖，转化成自己的力量并回馈给了社会。

其间我跟她也有见面，后来我还把她推荐到我一个好朋友的基金会工作，并让她担任志愿者来帮助那些需要帮助的学生，不单单是北京范围的，而是全国范围需要帮助的青年人。

我好朋友的慈善组织也是我的一个重点支持对象，我也是这个组织的全球监事。有一次，我的朋友在北京举办了一个山区小孩暑假开学营，我和被我资助过的女孩一起参加了这个活动。那天大概有150多位来自云南、贵州、湖南等地的学生。有的学生很兴奋地跟我讲："洪老师，我是第一次出远门来到北京，是第一次坐火车，第一次去天安门……"看他们兴奋的样子，我非常开心。

我们还带着这些学生参观了北京的一些科技企业、文化名胜，这是为了让他们打开自己的格局，更深入地了解中国文化。

活动之后，我听到所有的学生都大声地向我资助的女孩子呼喊："张老师，谢谢您！谢谢您！"我听了后，当时的内心是非常澎湃的。

那时候我特别有感触，我做企业，可能更多的是为了赚钱：我投一个股票，是要看涨不看跌的；我投一个项目，是要看它成功不是看它失败的；我帮一个企业家投资一个企业，也是希望这个企业蓬勃发展，生意越做越大。同样地，我做善事，更多希望的是将行善的信念传递下去。当初我资助过的小女孩，现在已经成长为非常成功的社会栋梁。她不仅自己有了很好的成长，还把慈善之心融入自己的使命当中，成立公益组织，帮助更多人，并且开花结果。从这个角度上看，我能够把行善举的种子种好，让更多的人改变命运。这是一件意义多么大的好事啊！让更多人受益，我赚大了！

我当年首次做慈善，目的就是想拍拍照片发回家里，证明我也做过慈善了，终于“看起来也有洪家人的模样”了，仅仅想做一次秀而已。最终，当时的我“败”给了后面的“用真心做慈善”。这背后的转变，和我爷爷当年的善举是一样的。人都有向善的一面，都有真挚情意的一面。

行善举、做公益，让我发觉了其背后的价值和意义：通过我的帮助，他人过得更好；同时作为一种感恩的表达方式，他人又会把这份爱传承下去，影响和感染更多人，驱动更多人行善举、做公益，互相帮助。

这让我意识到，一个人如果不图名利，身怀善念和慈悲之心，全情为社会做有益之事，哪怕过程很艰辛，只要意义重大，这个人也会克服万难，坚持到底。因为无疆式的大爱、忘我型的利他，自身价值才得到释放，被公众认可，自己对社会的价值也才得到最大限度的实现。这样的体验，会带给一个人满满的幸福感。所以，奉献让我感觉快乐，利他带给我幸福。

“洪门”拜师礼
心有善念，必结福果

作为一个学习组织，我的“洪门”里活跃着一群奋斗青年，我们一起学习，共同成长。相比平日学习聚会的开心与收获，真正打动我的是一次特别的经历。

有一次，我们组织了游学活动。目的地是我们团队二师兄的家乡山东曲阜。这里是孔子的故里，在古时是鲁国的国都，有“东方圣城”“东方耶路撒冷”等美誉。

当天我们一进入孔府，就被眼前博大精深的儒家文化吸引和折服了。

我们来到孔子研究院，找了一个老师，由他讲解孔子的故事和儒学文化。通过游览游学，我们认识到了孔子传播儒学的意义。另外，我们也找时间做了过去一年的盘点和未来一年的展望。

来到一处孔夫子塑像面前，我的学生神秘地和我说，给我准备了一个特别的安排，是需要换上古装、摆出道具的。我一听觉得很有

我与“洪门”学生

创意，就很配合地去换衣间，换上了一身春秋时期样式的古装。这是一套蓝颜色的衣服，还有一个特别的帽子，这身衣服实在太有特色了。随后有人递给我一把半米多长的大戒尺，请我坐下来。

我刚坐好，一曲特别庄重的音乐响起来。我的学生一个一个从外面走进来，然后齐刷刷拜倒在我面前，按照古法向我深深地施了一个大礼。

我当时大吃一惊。他们解释说，这是特地为今天的活动准备的仪式——“洪门”拜师礼。我手中的戒尺，象征着严肃的学风，有惩戒学生之用。然后他们每一个人拿着一个拜师帖，把他们上午要说的话一句句向我念清楚，接着又把整个拜师的仪式，全部走了一遍。

这一幕，我真的没有意料到，确实给了我一个大大的惊喜，让我非常感动。感动在哪呢？这些学生在拜师帖当中，都谈及了他们加入“洪门”弟子班这 3 年来，每一个人不同程度地取得的进步。特别是这次做报告的时候，他们开诚布公地讲述自己的问题，同时有一个正确的态度去解决它，也得到了师兄师妹积极的鼓励。这些都能让我感觉到他们取得了非常大的进步。

在这些学生找到了自己人生的快乐与重大意义的同时，我自己也觉得我主持“洪门”，能够促成大家的学习与成长，这个意义也是非凡的。而“洪门”就是我人生快乐与意义的重要载体。

但凡身边认识我的人都知道，我是个吃货，喜好美食。我认为，身体要吃饱，精神上更要吃好。我们要时刻秉持善念，播撒善的种子，这样就可以生成善根，周围处处也都会生长出幸福的果实。

幸福力修炼方法一

发现事物的快乐及意义

在当今社会的大背景下，很多人无法认识真正的自己，不知道自己想要什么，不知道自己的人生意义是什么。这里，我不奢求能改变什么，只求能为那些找不到路的人指点一下方向，让以前没有做成的事变为现实，让以前没有转过来的思想转过来。

幸福力修炼的第一个方法，就是你要重新定义自己所做的事情，改变对世界的看法，在万事万物中寻找独到的意义和快乐。

面对很多事情，你要少做或是选择地做，不要无目的地去做。如果是让你不能快乐的，于你没有长远意义的，就尽量不要做。比如说你现在的工作，如果不能给你带来快乐，与你的长期目标也没有任何相关性，这时你就要重新定义你的工作，你要赶紧调整你的工作方式。

再比如说，很多年轻人喜欢晚上打游戏，游戏的确能够给你带来即时的快乐，但还要思考它与你的长期发展有没有关系。如果没有，你就需要重新思考了。

我们的生活方式有千万种，必要时你要重新定义一些事情，找到属于自己的幸福，心有所定，方得始终。

下面有一个幸福力识别表，也许它可以帮你对身边事所带给你的幸福感做一些评估。

幸福力识别表

识别方法：快乐分数和意义分数两栏的取值范围均为 1 ~ 10 分，两栏相乘得出总分

个人事务	快乐分数	意义分数	相乘分值
xx 创业项目	4	9	36
公益慈善	7	9	63
完成一次探险	5	6	30
出席朋友聚会	7	3	21
写一篇微博、发一条朋友圈	6	2	12

幸福力修炼方法二

管理好自己的“愉悦回路”

我们为什么会感到快乐？为什么戒酒、戒毒、戒赌这么难？为什么有些人抵抗不了性的诱惑？为什么做慈善也上瘾？为什么运动会叫人欲罢不能？脑神经科学家告诉我们说，这都是“愉悦回路”惹的祸。

人是追求愉悦的动物，因此生命可以说是一个筛选和塑造愉悦回路并升华的过程，而工作、生活、学习同样如此。譬如，打游戏成瘾、吃辣成瘾，也许还有加班成瘾的（工作狂）。成瘾后，愉悦回路不但产生欲望，还会带来快感。

痛苦也会产生愉悦。我们想想那些痛并快乐的事情，比如吃辣，辣得痛苦到想哭，但这种过瘾会让当事者很爽、很愉悦，愉悦过后当然对他来说是有幸福感的。所以快乐和痛苦在某些情况下，并不是反义词。

我们日常中会有让自己成瘾成性的个人行为，不管正面的也好，负面的也罢，它会让我们产生愉悦，进而带来幸福感，就此欲罢不能，不断成为一种“回路”，周而复始。但这里，我想说的是，负向的愉悦回路不在本次讨论范围内，还是请你尽快“戒掉”吧。这里，我和大家谈的、鼓励的是一切正向的、阳光的愉悦回路。

我们作为管理者，看到下属做对、做好了一件事，就要及时表扬或当众赞美，可别傻傻地扔出一句“你真棒”就没下文了，而应该“夸细节，赞事实，提影响，后鼓励”。

这种激励他人的技巧一旦养成，首先会给下属带来愉悦回路，他会感受到自己的付出有价值、有意义，被认可和尊重。长此以往，下属会对被表扬“上瘾”，进而激发个人斗志、提升绩效，下属也因此而有幸福感。不仅如此，那些具有更加优良的服从性、主动性、创造性的下属，也会让你有成就感，给你带来愉悦回路，自此上瘾，享受带领团队的快感。团队卓越，管理者怎么会没有幸福感呢？

带下属和带孩子是一个道理，作为家长，管教小孩，既要会批评，更要会表扬。让小孩从幼小的时候就能在你这里领略什么是积极正向的愉悦回路，促进他健康地成长和发育。

不仅做企业管理和教育孩子是这样，做慈善也会产生这种愉悦回路。

如今，巴菲特先生已经捐出了他大部分的财产。除了巴菲特先生之外，比尔·盖茨也早在 2005 年便将数百亿美元的财产捐给了盖茨基金会，主要是用于医学研究，帮助世界上那些贫困的人。2015

年底，Facebook 的扎克伯格也宣布将自己和妻子在公司所持有股份的 99% 捐出来，用于做慈善。已经传承了六代的洛克菲勒家族对公益慈善也给予很大的重视和投入。洛克菲勒家族捐赠的范围覆盖了哈佛大学、洛克菲勒大学、纽约现代艺术博物馆等。

很长一段时间，我都不明白这些人为什么这么热衷于捐赠。当我领悟了“六力”之后，我顿悟了。除了他们的善念之外，另一个主要的原因我觉得是做慈善也会产生一种愉悦回路，会给人带来一种上瘾的快感，而这种快感又会给人带来更深层次的幸福感。这种利他行为所带来的快感，不仅给自己，也给那些需要的人带来了幸福感。正如洛克菲勒所说：“财富需要给对财富有正当需要的人，让财富对社会有用才能称为财富，否则就是一堆破铜烂铁。”

不仅如此，这种愉悦回路还会产生更大的回路——越利他越成功。世界上那些非常成功的大企业家，大多是社会公益和慈善事业的引领者。我想这也许就是一种善的循环吧！

幸福力修炼方法三

练就幸福力的四个好习惯

幸福力修炼的第三个方法，就是养成下面这几个好习惯，这会让你受益终身。

有针对性地阅读

我记得有句话这样说："走出了校门的都不再读书了，结了婚的都不再和老婆谈恋爱了。"如果我们想要追求幸福，这样下去怎么能行呢？

巴菲特先生的黄金搭档查理·芒格说："在我的一生当中，我还不知道有哪个智者不是时时在阅读的（且领域十分宽广），没有，一个也没有。要知道沃伦读了多少书，我又读了多少书，你会很惊讶的。"

一直以来，巴菲特先生和查理·芒格先生经常向我推荐一些有意义的书籍。我的阅读量，大约是年均 100 余册，最多时一天能读 5 册书。在读书学习的过程中，苦苦钻研，从疑惑到反思再到顿悟的瞬间能够让我愉悦。

我除了阅读专业书籍外，最喜欢阅读的是助益心灵成长类的图书。阅读让我获得丰富的情感体验的同时，也让我少走很多弯路，尽早站在智者的视角看世界。这样可以看得更开一些，想通很多问题……这是多么令人愉悦和幸福的事！

运动 / 打拳

运动能给人带来幸福感，我是深有体会的。科学家的解释是，经常运动会让大脑持续性地分泌多巴胺，让人获得持续性的快乐感，让人有种幸福感。对于我来说，运动的时候的确有种很强烈的力量，让我有一种要飞扬的感觉，这种感觉是令人舒畅的。

从实质上讲，运动的时候，需要深层的呼吸，吸入大量的氧气，这样全身血液都充满了氧气，流动的速度也加快了，人的身体从头到脚，从皮肤到心脏瓣膜，都跳跃张合吐纳着。整个身体都像在发光似的，闪闪夺目。同时，运动能增强激素的分泌，自然也有助于“提升幸福感”！

我经常运动，我看重的是它可以增强和引导自己积极快乐的情绪，抑制我消极苦闷情绪的出现，进而维持我的幸福感。我每周都

拜访世界各地拳击名师

会安排 4 ~ 5 次各种运动。我最喜欢打拳，特别是“综合格斗术”，它不仅可以实现我全身各部位的调动，磨炼我的内在意志，还能让我具备一定实用性的“攻防技能”。我觉得特别“酷”，打拳让我有很强的愉悦感。

复盘

《论语》里讲“吾日三省吾身”。我时常会做一次自己的深度复盘，或者叫作自省。反思自己过往一段时间，哪里有提升，亮点是什么，是否可以加以改良、升级和精进；也会回顾自己哪里做得不够好，评估结果，分析原因，找出短板后探寻改善方法，进而落地，再反思，再改进。

在公司里，我一直和伙伴们讲“PDCA 闭环管理”。企业管理是这样，个人管理也该如此。要知道，快速成功不易，快速犯错容易，经历不可复制，经验可以复制。复盘本身也是一个很好的学习方法。复盘让人有所成长，而成长后的你，看着更好的自己，怎么能不感到幸福呢？

最后，我还要和大家分享一个复盘的流程：

认识不足 → 改正错误 → 弥补缺点与劣势 → 成长

日行一善

我现在已经将“日行一善”的理念融进了我的骨子里。每一天如果有行善的机会，我都尽可能去挖掘、留意与践行。有时候，一个善念一闪而过，即便当下没有条件可供实现，今后也会创造条件去实现。即使是只有善念，也是一种行善。

在国庆群众游行前，我为女学生遮阳一事，便是“日行一善”的具体体现。虽然事情很小很小，虽然当时休息条件很苦，但我当时的内心是快乐且幸福的。

平时只要我们每个人都走心一些，多一些利他的言行、感恩之举，秉持一颗仁爱之心，持之以恒地践行，终有一天幸福会来敲门。

请反思：你现在处在哪一层的幸福，追求的是什么？

关于幸福的终极思考

这些年来，在探索幸福力的道路上，我曾经有针对性地阅读了很多书，了解了很多新的观点。

我国历史上的各种思想流派，对有关痛苦与幸福的终极问题，都给出过一些指引和教导。我们不妨一起来看看最典型的论述和思想精髓是什么样的。

从佛学角度看，佛学一个精髓思想就是让人们摆脱痛苦，看开一切，无欲无求，甚至有些不作为。尤其是小乘佛教，只关注人们的自我修身，以让自己达到超脱、释然的境界。而大乘佛教，教诲我们不仅要让自己释然超脱，摆脱痛苦，还应肩负一种使命，那就是普度众生，让大众超然。

从理学角度看，理学其精髓思想恰恰是让人们守礼数、学规矩、懂规矩、行规矩，方方面面都是束缚和限制。只要你在这个思想框架下，做事不出圈、不出格，就能获得和谐和安心，就能家和万事兴。

从心学角度看，我主要指的是王阳明的心学，其精髓思想有三个，即“心即理、致良知、知行合一”。尤其是“致良知”，其大意是“内在良知影响幸福”。所以，心学是意识对物质的反映规律，我们要统一起来理解这个“心”，而不是单指一个“心”字。

阳明心学说的“心即理”，能澄清你的内心，让那个混沌的世界清楚起来。当清晰的世界已然明晰到心里的时候，就可以按照清晰的世界规则生活。所以你如何按自己的规则生活，在于你如何能看清楚世界的规则。这个时候世界的规则就是你的规则，天人合一，知行合一。按世界规则行事，顺势而为，方能获得幸福。

“乐是心之本体。”这是王阳明常说的一句话。在看他来，幸福快乐才是人生的根本。而我觉得，王阳明的心学强调人的入世，是要保持追求幸福快乐的天性。

我曾专门研究过王阳明，王阳明早年修道时是有“离世远去”的想法的，但是他却始终忘不了对亲人的思念之情。最终他认识到，对亲人的爱是植根于人的本性之中的，这在婴幼儿时期就产生了，是人最基本的自然情感。

王阳明，正是在对人伦亲情的念念不忘中，体验着人类最本真的幸福；正是对亲情的眷念和责任，使他内心充实，有所寄托，有所满足，从而珍惜生命，乐于追求人生存在的价值。

可以说，自古以来，幸福就是人们不断探知、上下求索的永恒话题，而快乐和意义可以让人更好地寻找到幸福点。

哈佛大学的幸福大师泰勒·本－沙哈尔博士和我持相似的观点。他说："一个幸福的人，必须有一个明确的、可以带来快乐和意义的目标，然后努力地去追求。真正快乐的人，会在自己觉得有意义的生活方式里，享受它的点点滴滴。"

我觉得，幸福不是一蹴而就、一劳永逸的事情。它是一个动态的过程，也是一个学习的过程。一个人的幸福力，在我们的观察、汲取、创造、改变中慢慢增长，在享受点点滴滴的过程中，渐渐沉淀。

于我个人而言，无论创业、做慈善公益，或者锻炼身体、做利他之事，都会令我感到愉悦，也让我深刻地体会到，幸福力是需要意义和快乐加持的。在这样的加持下，我们离更深层的幸福也会越来越近。

新三封家书：横戈从百战，直为衔恩甚

今年我决定出这本书，但我爷爷已经过世，看不见了，我是非常遗憾的。我把这个想法跟爸爸和叔叔说过之后，他们非常开心，表示全力支持，并再次郑重地给我写了新的家书，这次家书和之前的感觉完全不一样，是满满的感动。我也写了一封给我爷爷的家书，以祭告他的在天之灵。

爸爸的信——满满的认可和关爱

儿子：

很久没有拿起笔给你写书信了。回想上一次给你写的那封特别的书信，还是在36年以前。竟然过去这么久了！今天再次提起笔给你写信，我百感交集，竟有一肚子的话想给你说。

我记得在你内地创业前期，有年我们来沈阳看望你，在酒店客房里面，我们谈了很多，你的变化也很大，后来你有点不好意思跟我们讲，希望在我们房间里洗完澡再离开，那时我和你妈妈内心其实是非常心疼的。那一刻我看到了创业的挑战、困难和你习惯的生活有多大差别。你是我们最棒的孩子，20多年前一个人去不熟悉的地方创业，其实我和你妈妈刚开始时也特别担心，只不过不好展示出来。

现如今，很开心能够看到你把自己的事业做大、实现自己的理想，并且做了很多利他项目，特别好地传承了家族的荣耀和优良传统。看到你正在从事自己热爱的事业，而且越做越好，我非常欣慰。

记得当年我在写给你的信中所说，希望你能发现并找到自己喜欢且深爱的事情，只管去做。今天回过头看，咱们的努力和决定都是对的。尤其是你能够把兴趣转化成乐趣，又将乐趣上升成为自己事业的志趣，这一点，你做得特别棒。

克服旁人难以想象的困难，我知道你有多难，有多不易。但只要是自己热爱，能让自己开心的，在你毕生坚持的道路上，勇往直前就好。

最后，祝愿你能实现下一个理想，做得再好也要保重好身体！

爸爸洪克有

2019 年 11 月 23 日

叔叔的信——永远是家国情怀

明基：

我特别惊讶你能用中文来总结你这 27 年来的创业经验。我记得你刚在内地创业时，语言是很大的难关。在我看来，你的中文水平还不如内地六年级的小学生。但看到你今天可以用中文写书，看到你今天取得的巨大进步，我惊讶的同时更多的是欣慰。

你在内地面临的商业挑战是非常巨大的，但我能感受到你过得又是充实的，而且你又总结了很多宝贵的创业经验，并能与更多的年轻人一同分享，帮扶他们寻找新的创业机会点。这是非常难能可贵的。

在刚刚创业那几年，有好多次我都觉得你要放弃了，但是你挺了过来，没有让我们失望。我很高兴能看到你这样执着的坚持，以及顽强的拼搏精神。我也曾偷偷地告诉你的祖父，他对你始终能坚持自己的理想，背负家族的使命，并为之奋斗到底的决心而感到非常高兴。

在20世纪90年代初期，内地北方的生活还是非常艰苦的，这对于已经习惯了美国加州生活的你，是有巨大反差的。

也许很多不了解你创业史的人，都以为你是含着金钥匙出生的，但作为你的至亲，我能感同身受这些年你所经历的磨难与挫折。我们特意没在你最困难的时候帮你是希望你能够自己走出来，经历风雨。好在，你能凭借自己的努力与坚持，最终实现了自己的理想。这既是给我们的惊喜，亦是给你的最好礼物！且行且珍惜！

此外，我们家族除了正常事业外，非常喜爱慈善工作，如今它已经成为我们家族的重要文化，我们要为这个社会贡献自己的一份力量。你能从中悟到"利他"是人生的最大意义，是上下求索的终极幸福，让我欣慰。

最后，我有信心也有理由相信，你可以带领我们的家族企业，攀登至更高的高峰！

五叔洪克协

2019年11月20日

我的信——不辜负家族期望

爷爷：

我非常想念您。今年在我49岁生日时，我决定写一本书，关于我过去27年在内地创业的体验及经验。这本书是送给自己的生日礼物。我想对自己的流星岁月做个交代，并对经验及感想进行总结，以升华成为自己做人处世的方法论，指导我未来的事业。

同时，我亦希望将这本书送给广大的年轻朋友，希望他们可以获益，少走弯路，在更高的起跑线去发展自己的事业及实现自己的理想。

至今仍记得在1993年曾与您、五叔和爸爸一起开的会议，在谈及内地的改革开放对世界带来的影响及机遇时，您就鼓励我按照我自己的使命去实现自己的价值及贡献社会，当时的情景仍然历历在目。

最近，我安排了绍勤在汕头拍摄我们家乡祠堂的照片。在细看取回来的照片时，我回想起当日您在祠堂对我的教诲。我会做一个顶天立地的中国人，不断反思、进步，秉承洪氏家教训，以良心对待员工及客人，为我们民族的伟大复兴做出努力。我绝对不会辜负您对我的期望。

明基

2019年11月21日

附一

“六力理论”中六力之间关系

通过前面的分享，相信大家对这几个力已经有了全新的了解。大家也许会问，这几个力究竟是怎样的关系呢？是割裂呢，还是彼此有内在的联系呢？哪些会更加重要呢？在修炼时，有没有先后？

我悟出来这几个力以后，就开始认真思考它们之间的关系，后来逐步把它们联系了起来。下面我就试着从不同维度来分析这六个力，以便大家多角度吸收。

六力之间是彼此交融的滋养促进关系

六力中，原力是最重要的，是六力之根。原力就是我们实现人生价值和获得无限利他精神的源泉，它对其他力都有支持和滋养的作用。如果没有原力，其他几个力会随时间流逝而耗尽，没办法继续施展。所以原力就是源泉。

• 原力 + 幸福力

原力与幸福力最为密切。因为幸福力的核心是意义和快乐，对创业者而言，有意义的事往往会和原力有非常大的关联。受原力的催动，在追求自我价值实现时，或者在追求利他精神时，就是在做有意义的事。

这些都会带来各种层次的快乐，从而给自己带来幸福。因此，长久的幸福力一定是建立在强大的原力基础上的。第二阶段的原力（利他），会对精神层面的幸福感的获得起到促进作用，从而带来深层的幸福。反过来，幸福力又可以刺激原力，形成一个愉悦的回路，将能量输送回原力。

- 原力＋格局力

原力要通过格局力来找到目标。通过格局力，分析大势所在，看到天时、地利，然后把自己“和”进去，从而找到自己奋斗的目标，原力会促使这个目标的起点比很多人高。原力会促进格局力的最终实现，格局力是原力得以展现的途径。

- 原力＋执战力

有了原力，执战力就会更强大。而执战力能够让原力更有效地发挥。

- 原力＋学习力

原力让学习力更持久，学习力则能够促使原力不断地上升到新的层级，从自我价值实现到超越自我去利他。

- 原力＋阳光力

有了原力的阳光力，才是真阳光力；没有原力的阳光力，是伪阳光力。阳光力可以让原力得到有效的展现和传递，也可以点燃别人的原力。

正能量就是原力的能量回路。没有原力的调动，正能量会枯竭。

- 格局力 + 执战力

格局力要通过执战力落地，把梦想变成现实，执战力要通过格局力找到更适合自己、更符合大势的目标。

- 格局力 + 幸福力

格局力能够促进幸福力的实现，因为格局力可以让人“和”大势，找到生命的意义，带来快乐。在考虑天时、地利的时候，你一定要寻找自己的意义和快乐，并切入进去。自我认知除了能力强弱以外，我想意义和快乐也是促成你切入的关键。

- 格局力 + 学习力

学习力可以提升格局力。为适应环境变化，需要通过学习认清大势，学得越多，对大势的把握、了解就会越多，最后自我的认知就更强。格局力则为学习力提供目标。

- 格局力 + 阳光力

人生在世，不如意事十之八九。不管是大格局、小格局，还是大势、小势，困难都是多于舒适，特别是你不满足现状的时候，在过程当中看格局、看势，就会看到比较悲观的一面。怎么能扭转乾坤，看到危机中的机会呢？阳光力就能有很好的帮助。

阳光力发挥作用，特别是对团队的影响，一定是基于对这个世界、对环境特别深刻的理解的，这样才能正面地传递信息。所以，阳光力背后一定是有格局力的。

• 执战力 + 阳光力 + 学习力

这三者关系密切，阳光力和学习力是执战力的一对翅膀，会大大促进执战力的提升。反过来执战力又可以让阳光力和学习力得以实现。有执战力一定要有阳光力，有阳光力不一定有执战力。没有学习力的执战力是蛮干，有学习力的执战力是巧干。

阳光力，来自能更好地调动周围的伙伴。学习力，我们讲到的是战略方向、组织结构赋能、具体路径、总结都比原来好。所以方向、动员跟阳光力有关系，而阳光力背后特别是正能量化，也是需要学习力支持的。

• 幸福力 + 阳光力

两者在于一外一内，如果没有幸福何来阳光？一定是充分认识到人生的意义和寻找快乐的方法，才会有阳光力的。

• 幸福力 + 学习力

对于幸福力和学习力的关系，你要了解意义，人生的意义、做事的意义。

你学习得越多、总结得越多，就越能够明白这些道理。这个是让你明白人生意义的关键。

从人的成长和发展看六力

首先，要通过原力找到自己追求的方向，自己喜欢、擅长、社会需要、获得收益的方向，这是动力之源，可以从原力第一阶段找，也可以直接在原力第二阶段找。

其次，通过格局力来找到大势的风口，通过原力分析，把自己“和”进来，形成自己人生奋斗的目标。

再次，形成强大的执战力，突破一切困难，在学习力和阳光力的支持下，最终实现自己的目标。

最后，在整个过程中，由于不断找到生存和发展的意义，通过不断的成功，让自己持续不断获得快乐，从浅到深，实现不断获得幸福的能力。

从天地内外看六力

天是格局力，它让人看得更远、更高，看到大势。

地为执战力，脚踏实地向前走。

内为幸福力，它是一种内在的感受状态。

外为阳光力，展现在外，影响别人。

心为原力，强大的发动机，动力的来源。

学习力为催化剂。

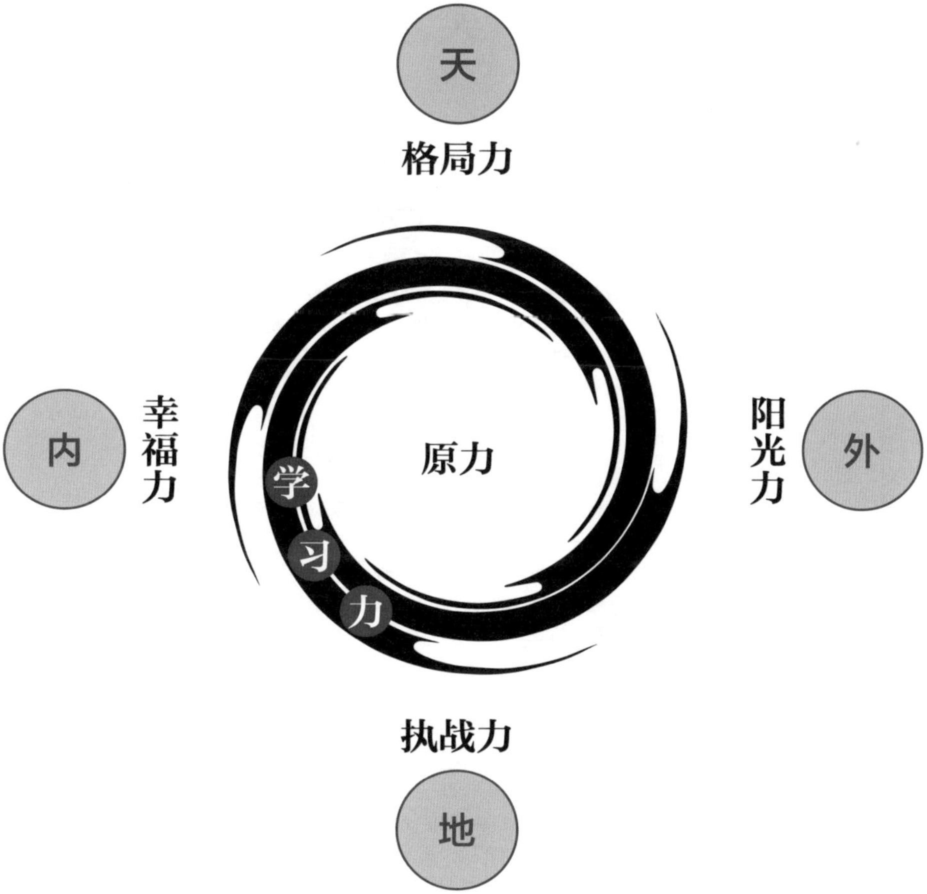
天
格局力
幸福力
内
原力
学习力
阳光力
外
执战力
地

附二

“六力理论”人才识别运用表

六力	定义	识别特征	表现评价 低到高 1～5分
原力	即“原动力”，是促进自身价值实现，并追求超越自我的利他精神的能力	1. 对话元神：通过交流可检验和判断一个人，是否能以独处静思的状态与内在“元神”做深度对话，并经不断校准，找到内心本真的“原始动力”	
		2. 自律有所不为：原力强大，则驱动力强劲而持久，明显特征一定是“目标坚定而执着，且不会频繁出现游离感。践行过程中，相比于自己知道哪些有所为，更重要的是，能够‘秉承初心’，清晰哪些‘有所不为’”	
		3. 升华原力：一个人的原力还体现在个人的崇高追求，当原力迸发驱动自己小有成就后，其更高级的表现特征，恰恰是懂得“利他”	
阳光力	由正能量、正能量化两部分组成。首先，自身要具有太阳一样的品德和性格，积极、正向、信任、担当是非常重要的体现，我们把这个叫作“正能量”。其次，还能够像太阳把阳光传递到宇宙的各个角落一样，把这种能量传递给团队及身边的人，我们把这个叫作“正能量化”	1. 坦诚沟通：能呈现出“耐心倾听对方所言，建立互信关系”的状态，并能积极地予以反馈，营造坦诚的沟通氛围	
		2. 热情饱满：像太阳的光芒和热量一样四射，能从一个人的言行表现上，感知到他始终以饱满的精神和热情，面对复杂多样的挑战	
		3. 赋能他人：在职场上，能够运用教练、授权与激励等管理技能，赋能于人，让他人变得可以自我拥有能量，协助他人高效交付成果	
		4. 感染周边：具有担责精神，且能以身作则，同时使众人行，透过个人影响力引领他人积极向上，更关键的是，周围成员自动自发地追随	

学习力	指适应环境变化的能力	1. 敏锐且好奇：明显特征是，对万事万物具有超于旁人的敏锐度，具有较强好奇心、求知欲	
		2. 善于自省和总结：标志性特征是面对批评能虚心接受且平和面对，还能深挖问题，善于在不断自省和总结中提升自我	
		3. 学习快速且学以致用：总能主动学习新鲜事物，并学以致用，在应用中快速迭代、产出价值，甚至增值	
		4. 自我调适且创造性地改变：能够对周遭变化做出“适时反应”，能凭个人意志力，创造性地做出调整和自我改变	
执战力	指在资源有限的情况下达成结果的能力	1. 融会贯通：深刻理解 PDCA 原理，并能严格按照其操作步骤带领团队学习运用，交付成果	
		2. 资源整合：在资源短缺时，不仅能系统性、创造性地盘活资源，还能开发资源，并利用所有资源有效支持任务达成	
		3. 快速交付：从计划执行到结果交付，全程快速、高效，不拖延	
		4. 精准交付：在任务执行的过程中不断修正，令交付成果与客户预期高度一致	
格局力	指在能够看到未来发展大趋势的情况下，用一种大视野把握时机的能力	1. 胸怀大度：相比周围人，考虑问题总是可以前瞻，面对种种情况，做决策时具有一种博大胸怀	
		2. 高瞻远瞩：站在更高维的层次上，具备更广阔的视野、全局意识，能心怀长远地做打算	
		3. 成就他人：拥有高格局力的人不是要自己做得多成功，其可贵之处，是能够成就下属、成就他人	
		4. 独到抉择：能上接战略“嗅”出商业机会，并基于自身优劣势做出科学判断、开展行动	
幸福力	指拥有发现意义并追求快乐的能力	1. 善于发现和追求感官快乐：能比周围人更善于捕捉“快乐点”，还能追求快乐，从中收获幸福感	
		2. 发现事物背后的深层意义：独具眼光，比旁人更能透过表象觉察背后的意义，从中收获幸福感	
		3. 实现自身价值：能够持续发挥自身能量突破自我，对组织贡献价值，持续增值，并由此收获幸福感	
		4. 超越自我的最高阶利他：日常表现出更多的不计得失和功名、不图回报的无疆式大爱，由此收获幸福感	